21世纪高等教育计算机规划教材

计算思维
与算法设计

Computational Thinking and
Algorithm Design

麻新旗 王春红　主编

张世民 李颖 程欣　副主编

人民邮电出版社

北　京

图书在版编目（CIP）数据

计算思维与算法设计 / 麻新旗，王春红主编. -- 北
京 : 人民邮电出版社，2015.9（2020.8重印）
21世纪高等教育计算机规划教材
ISBN 978-7-115-39828-4

Ⅰ. ①计… Ⅱ. ①麻… ②王… Ⅲ. ①计算方法－思
维方法－高等学校－教材②电子计算机－算法设计－高等
学校－教材 Ⅳ. ①O241②TP301.6

中国版本图书馆CIP数据核字(2015)第211785号

内 容 提 要

本书以计算思维能力培养为主线，以算法设计为依托，以介绍计算机基础和算法设计为主要目标，主要内容包括计算与计算模型、计算机基础知识、算法设计、算法评测与分析、软件测试基础等。通过学习本书，学生可以了解与现代计算机相关的计算理论基础，了解算法设计与问题求解的关系，体会计算在现代生活中的重要性和普适性，进而为今后利用计算机解决专业问题打下良好基础。

本书可作为高等院校计算机基础课程相关的教材，也可以作为计算机基础知识及算法设计培训、自学的参考用书。

◆ 主　　编　麻新旗　王春红
　　副 主 编　张世民　李　颖　程　欣
　　责任编辑　许金霞
　　责任印制　沈　蓉　彭志环

◆ 人民邮电出版社出版发行　　北京市丰台区成寿寺路 11 号
　　邮编　100164　　电子邮件　315@ptpress.com.cn
　　网址　http://www.ptpress.com.cn
　　大厂回族自治县聚鑫印刷有限责任公司印刷

◆ 开本：787×1092　1/16
　　印张：9.75　　　　　　　　　　　2015 年 9 月第 1 版
　　字数：254 千字　　　　　　　　　2020 年 8 月河北第 7 次印刷

定价：25.00 元

读者服务热线：(010)81055256　印装质量热线：(010)81055316
反盗版热线：(010)81055315

前 言

教育部高等学校大学计算机课程教学指导委员会对大学非计算机专业计算机基础教学提出的以计算思维为核心的基本要求，是本书的编写依据。编写本书的目的是为了加强学生对计算、计算模型、计算思维及算法等与计算学科相关的知识的理解、应用和掌握，提高学生利用计算机进行问题求解的能力，进而培养学生的信息素养和计算思维能力。

随着移动通信、物联网、云计算、大数据等新概念和新技术的出现，信息技术深刻地改变着人类的思维、生产、生活、学习方式，与之相关的计算思维成为人们认识和解决问题的基本能力之一。我们认识到，计算思维不光是计算机专业学生应该具备的能力，更应该是所有大学生都要具备的能力。并非每一个学生都要成为计算机科学家，但是我们期望他们能够掌握正确的计算思维的基本方式，这种思维方式对学生的事业和学习都是有益的。

对于当代大学生而言，大学学习，除了掌握本专业的基础知识外，科学精神的培养、思维方法的训练、严谨踏实的品质，以及分析问题、解决问题的能力，都是日后工作的基础。本书在内容编排、课后习题选择等方面做了精心设计，并力求按提出问题、分析问题、解决问题的思路和方法，采用"案例驱动"循序渐进地展开教学。本书的重点放在初学者对计算机科学的核心理论和经典问题的理解和掌握上，使初学者感悟：当遇到一个实际问题时能否用计算机实现，使用计算机如何实现及如何设计解决问题的方法和步骤，并进一步设计相应问题求解的算法，分析比较同一问题的不同算法的有效性和复杂性，拓展思维，建立起利用计算机技术解决问题的思路。

本书共 6 章。第 1 章介绍计算及计算思维的相关知识，由王春红编写。第 2 章介绍现代计算机的基础知识，由张世民编写。第 3 章和第 4 章重点介绍算法基础及常用算法，由麻新旗编写。第 5 章介绍算法的评测与分析，由李颖编写。第 6 章介绍软件工程基础，由程欣编写。

在本书的编写过程中，作者参考了大量的书刊和文献资料，征求了许多任课老师的宝贵意见，也得到了学院领导的大力支持，在此一并表示感谢。

编　者
2015 年 8 月

目　录

第1章
计算与计算模型

本章主要从计算的角度阐述计算、计算模型、计算思维的基本概念，并以计算思维为切入点，以案例为导向，引导学生感悟、认知、体会现实中的计算与计算思维。

1.1 计算

计算可以说无处不在，从日常生活费、购房费及装修成本的规划和结算到我们熟知的卫星云图、天气预报的运用都涉及计算。如今学科繁多，涉及面广，每个学科都需要进行大量的计算，与古代结绳计数不同的是，当今的计算是指使用计算机来进行大量的统计、处理、转换操作：天文学研究组织需要计算机来分析太空脉冲（pulse）及星位移动；生物学家需要计算机来模拟蛋白质的折叠（Protein Folding）过程，以发现基因组的奥秘；药物学家想要研制抵抗癌症或各类细菌与病毒的药物、医学家想找出防止衰老的新办法；数学家想计算最大的质数和圆周率的更精确值；经济学家要用计算机分析计算在几万种因素考虑下某个企业、城市、国家的发展方向，从而给出正确的宏观调控建议；工业界需要准确计算生产过程中的材料和能源的耗费量，加工与时间配置的最佳方案。由此可见，人类未来的科学，时时刻刻离不开计算。

1.1.1 什么是计算

早在 2500 年前，古希腊数学家、哲学家毕达哥拉斯（Pythagoras，约公元前 572—公元前 501）就说过"凡物皆数"，意思是万物的本源是数、数的规律统治万物。很早以前我国学者认为，对于一个数学问题只有当确定了其可用算盘解算它的规则时，这个问题才算可解。这也是古代中国的算法化思想。它蕴含着中国古代学者对计算的根本问题——能行性问题的理解。这种理解对现代计算学科的研究仍有重要的意义。

由此看来，计算的概念由来已久，但在大众的脑海中"计算"是一个数学概念，人类很早就学会了加、减、乘、除等运算，但直到 20 世纪 30 年代，由于哥德尔、邱奇和图灵等人的工作，人们才对计算的本质有了清楚的理解，进而形成了一个专门的数学分支，即递归论和可计算理论，并因此导致计算机科学的诞生。

简单地说，计算就是依据一定的法则对有关符号串进行变换的过程。进一步理解：从一个已知符号开始，按照一定的规则，一步一步地改变符号串，经过有限步骤，最后得到一个满足预先规定的字符串，这种变换过程就是计算。例如，1+1=2，就是一个数值计算；两字母和汉字均用二进制数来表示，这种运算称为非数值计算。以汉字"保"为例，通常汉字的转换过程是"输入码（bao）-国标码（3123H）-机内码（B1A3H）-字形码（保的字形编码）"。首先键盘输入拼音"bao"，然后经过变换会得到预先规定的汉字"保"，这就是一个非数值计算。类似地，文字识别、图形图像处理等也都是计算，因为它们都是一种符号变换过程。

1.1.2　什么是计算的本质

根据图灵的研究，直观地说，计算就是计算者（人或机器）一步步改变一条两端可无限延长的纸带上的一串 0 和 1 的执行指令，在经过有限步骤后，得到一个满足预先规定的符号串的变换过程。图灵用形式化的方法成功地表述了计算的本质。

抽象地说，计算的本质就是递归。数学家们已经证明，凡是可以从某些初始符号串开始在有限步骤内得到计算结果的函数都是一般递归函数。或者说，凡是可计算的函数都是一般递归函数（计算机科学中，递归函数是一类从自然数到自然数的函数，其在某种直觉意义上是"可计算的"）。至此，人们才弄清楚计算的本质，以及什么是可计算的、什么是不可计算的等根本性问题。例如，若 m 和 n 是两个正整数，并且 $m \geqslant n$，则求 m 和 n 的最大公因子的欧几里德算法，可表示为如下步骤。

① 求余数。以 m 除 n 得余数 r。

② 判断余数 r 是否为 0。若 $r=0$，计算结束，n 即为答案；否则转到步骤 3。

③ 互换（递推）。把 n 的值变为 m，r 的值变为 n，重复上述步骤。

依照以上三个步骤，可计算出任何两个正整数的最大公因子。这时可以把计算过程看成执行这些步骤的序列。可以看出，计算过程是有穷的，而且计算的每一步都是能够机械实现的（机械性）。因此，可以认定：任何两个正整数的最大公因子是可通过计算获得的。

1.1.3　计算与算法

在进行可计算问题研究时，需要用到一个与计算紧密联系的概念，那就是算法。算法也称为能行方法或能行过程，是求解某类问题的方法和步骤，由一组定义明确且能机械执行的规则组成。计算的目的由算法实现，算法的执行由计算完成。也就是说，计算过程就是执行算法的过程，而算法的过程正好是可以在计算机上执行的过程。从算法的角度讲，一个问题是不是可计算的，与该问题是不是具有相应的算法的答案是完全一致的。

总之，计算或算法的观念在当今已经渗透到宇宙学、物理学、生物学、经济学和社会学等诸多领域。计算已经不仅是人们认识自然、生命、思维和社会的一种普适的观念和方法，还是一种新的世界观。

1.2　图灵机模型

首先了解一下图灵。艾伦·麦席森·图灵（Turing Alan Mathison），1912 年生于英国伦敦，1954 年逝于英国的曼彻斯特，被誉为计算机科学之父、人工智能之父，如图 1-1 所示。为纪念图灵在计算机领域的卓越贡献，美国计算机协会（Association of Computing Machinery，ACM）自 1966 年起设置了"图灵奖"。该奖项用以表彰在计算机科学中做出突出贡献的人。图灵对现代计算机的贡献主要是：建立了图灵机的理论模型，发展了可计算性理论，并提出了定义机器智能的图灵测试。

下面通过图灵机的组成及其基本思想，认识、理解图灵机模型与现代计算机的关系。

1936 年，图灵在可计算性理论的研究中，提出了一种抽象的计算机模型——图灵机（Turing Machine）。该机器由以下几部分组成。

图 1-1　艾伦·麦席森·图灵

1. 一条无限长的纸带

纸带自左至右被划分为一个连一个的格子，每个格子都有相应的编号，并且纸带的右端可根据需要无限延伸，而纸带上的格子可以用于书写符号和运算。

2. 一个读写头

读写头能够读取纸带上某一方格内的信息，并能够在当前格子上书写、修改或擦除数据。

3. 一套控制规则

根据当前读写头所指的格子上的符号和机器的当前状态来确定读写头下一步的动作，并改变状态寄存器的值，令机器进入一个新的状态。

4. 一个状态寄存器

用来保存图灵机当前所处的状态。图灵机所有可能的状态的数目是有限的，其中停机状态是一种特殊状态。

图灵机不是具体的机器，而是一种思想模型，可制造十分简单但运算能力极强的计算装置。该装置可用来计算所有能想象得到的可计算函数。图灵的基本思想是用机器来模拟人们用纸笔进行数学运算的过程。

图灵机被公认为现代计算机的原型，可以读入一系列的 0 和 1。这些数字代表了解决某一问题所需要的步骤，按步骤走下去，就可以解决某一特定的问题。图灵机只用保留一些最简单的指令，而困难的是，如何确定最简单的指令集，怎么样的指令集才是最少的，而且又能顶用，还有一个难点是如何将复杂问题分解为简单指令。

可用一个图灵机来计算其值的函数是可计算函数，找不到图灵机来计算其值的函数是不可计算函数。可以证明，存在一个可以模拟任何其他的图灵机的图灵机 U，这样的图灵机 U 称为通用图灵机。在给出通用图灵机的同时，图灵就指出，通用图灵机在计算时，其"机械性的复杂性"是有临界限度的，超过这一限度，就要靠增加程序的长度和存贮量来解决。这种思想开启了后来计算机科学中计算复杂性理论的先河。

总之，图灵机反映的是一种具有能行性的、用数学方法精确定义的计算模型。该计算模型的目标就是要建立一台可以计算的机器，也就是将计算自动化。而现代计算机正是这种模型的具体体现。

1.3　停机问题

停机问题（Halting Problem）是目前逻辑学的焦点和第三次数学危机的解决方案，其本质问题是：若给定一个图灵机 T 和一个任意语言集合 S，那么 T 是否会最终停机于每一个 s，其中 s∈S。该问题的意义相同于可确定语言。显然任意有限 S 是可判定性的，可列的 S 也是可停机的。

停机问题的"现实"意义可直观理解为程序不是无所不能的。不存在这样的程序：该程序能够对程序的任何输入都能够正常结束运行（停机）。

通俗地说，停机问题就是判断任意一个程序是否会在有限的时间之内结束运行的问题。如果某个问题可以在有限的时间之内解决，可以有一个程序判断其本身是否会停机并做出相反的行为，那不管停机问题的结果是什么都不会符合要求，这是一个不可解的问题。

为什么图灵提出停机问题？原因是：根据哥德尔完备性定理，任何可满足的一阶逻辑公式都可以形式推导出来。于是，图灵站了出来，发明了图灵机，并给出了图灵机在一阶逻辑上的定义，将一阶逻辑上的满足性可判定问题成功转化成了图灵机上的停机问题。通过证明停机问题本身就是半可判定的，证明了不存在一个算法能判定任何一阶逻辑公式的可满足性。

"停机问题"是用反证法证明出来的。如同证明 $\sqrt{2}$ 是无理数的判定类似：假定" $\sqrt{2}$ 是有理数"，然后"得出矛盾"，再反推得出结论。停机问题与理发师问题类似，相关知识可自行查阅了解。

图灵在 1936 年证明图灵机的停机问题是不可判定的，即不存在一个图灵机能够判定任意图灵机对于任意输入是否停机。图灵机的停机问题是半可判定的。由图灵机的停机问题，可以推出计算机科学、数学、逻辑学中的许多问题是不可判定的。因此，了解图灵机的停机问题，是很有必要的。

1.4　计算思维

随着移动通信、物联网、云计算、大数据等新概念和新技术的出现，信息技术深刻改变着人类的思维、生产、生活、学习方式，且伴随这一进程的全面深入，使得无处不在的计算思维成为人们认识和解决问题的基本能力之一。一个人若不具备计算思维的能力，将在从业竞争中处于劣势；一个国家若不培养其公民的计算思维，则其将在竞争激烈的国际环境中处于落后地位。计算思维，是计算机专业学生应该具备的能力，也是所有大学生应该具备的能力。每一个学生并非都要成为计算机科学家，但是能够正确掌握计算思维的基本方式对于以后的事业发展和学习都是有益的。

1.4.1　科学思维与计算思维

科学思维（Scientific Thinking）是指理性认识及其实现过程，即通过整理和改造将感性阶段获取的大量材料转化为概念、判断和推理以便反映事物的本质和规律的理论体系。进一步理解，科学思维是大脑对科学信息的加工活动。

如果从人类认识世界和改造世界的思维方式出发，科学思维又可分为实证思维、逻辑思维和计算思维三种。

实证思维（Positive Thinking）又称经验思维，是通过观察和实验获取自然规律法则的一种思维方法。它以实证和实验来检验结论正确性为特征，以物理学科为代表。与逻辑思维不同，实证思维需要借助于某种特定的设备来获取客观世界的数据以便进行分析。例如，洗手液的生产前，需要用不同比例酸碱度试剂借助特定设备进行大量的实验，最终找出合理的减少皮肤刺激配方后，才开始生产。这就是实证思维。

逻辑思维（Logical Thinking）又称理论思维，其通过抽象概括，建立描述事物本质的概念，并应用逻辑的方法探寻概念之间联系。它是以推理和演绎为特征，以数学学科为代表。逻辑源于人类最早的思维活动，而逻辑思维支撑着所有的学科领域。例如，歌德巴赫猜想就是一个逻辑思维。

　　计算思维（Computational Thinking）又称构造思维，其从具体的算法设计规范入手，是通过算法过程的构造与实施来解决给定问题的一种思维方法。它是以设计和构造为特征，以计算机学科为代表。例如，今天的物联网、大数据、电子商务等都蕴含着计算思维。

　　计算思维的本质是抽象和自动化，特点是形式化、程序化和机械化，在问题求解、系统设计和人类行为理解方面具有重要的作用。实证思维、逻辑思维和计算思维的一般过程都是对客观世界的现象进行分析和概括而得到认识论意义上的结论。根据分析与概括方式的不同，上述一般过程可以是推理和演绎、观察和归纳，也可以是设计和构造。计算思维与实证思维、逻辑思维的关系是相互补充、相互促进的。计算思维相对于实证思维和逻辑思维，在工程技术领域尤其具有独特的意义。

　　计算思维和实证思维、逻辑思维一样，是人类目前为止认识世界和改造世界的三种基本科学思维方式。

1.4.2　计算思维的概念及内涵

　　2006 年卡内基梅隆大学教授周以真（Jeannette M. Wing），如图 1-2 所示。在《美国计算机学会通讯》上发表的《计算思维》（Computational Thinking）一文对计算思维的定义是：计算思维是运用计算机科学的基础概念进行问题求解、系统设计以及人类行为理解等涵盖计算机科学之广度的一系列思维活动。

　　计算思维虽然具有计算机科学的许多特征，但是其本身并不是计算机科学的专属。即使没有计算机，计算思维也会逐步发展。但是，正是由于计算机的出现，给计算思维的研究和发展带来了根本性的变化，让计算思维的概念、结构、格式等变得越来越明确，相关内容也得到不断地丰富和发展。计算机的出现丰富了人类改造世界的手段，同时也强化了原本存在

图 1-2　周以真

于人类思维中的计算思维的意义和作用。从思维的角度，计算机科学主要研究计算思维的概念、方法和内容，并发展成为解决问题的一种思维方式。

　　学生可通过计算机科学基本知识和应用能力的学习来理解和掌握计算思维。计算科学的核心概念可以分为计算、通信、协作、记忆、自动化、评估和设计。所以，针对上述定义，计算思维的学习包括三要点：求解问题中的计算思维、设计系统中的计算思维及理解人类行为中的计算思维，下面并分别予以阐述。

1．求解问题中的计算思维

　　利用计算手段求解问题的过程是：首先把实际的应用问题转换成数学问题，然后建立模型、设计算法并编程实现，最后在实际的计算机上运行求解。

　　归根结底，就是在求解问题时，首先想到的是将该问题的求解过程转换为利用计算机实现的过程。今天的大数据可以体现求解问题中的计算思维。例如，相当一部分农民的生产种植还停留在面朝黄土背朝天的阶段，农业种植受环境、技术资源等因素的限制，没有得到充分发展，属于粗放型。但若把大数据引入现代农业，对田间实行实时监测，为每一种作物、每一块土地建立数据模型、种植模型，让种植者严格按照环境和作物的生长规律进行种植，那么，此时的农业就属于精准型的农业，这就是计算思维在农业种植上的体现。

2. 设计系统中的计算思维

任何自然系统和社会系统都可视为一个动态演化系统，而演化伴随着物质、能量和信息的交换，这种交换可以映射为符号变换。当动态演化系统抽象为离散符号系统后，就可以采用形式化的规范来描述，通过建立模型、设计算法和开发软件来表达、模拟、控制系统的演化，揭示演化的规律。

例如，全国的航模比赛中，由于空气湿度是不断变化的，那么，设计该系统时首先把空气湿度划分成不同的区间，然后对不同区间的湿度设定特定的符号或数字来代表。这样就把动态演化系统抽象为离散的符号系统，接着就可以通过试验，确定飞行速度，找准目标位置。也就是，首先建立模型，然后根据该模型设计问题求解算法，最后通过计算机软件来实现模型系统的功能。由此看来，今天我们做的很多事情都潜移默化地利用了计算思维。

3. 理解人类行为中的计算思维

理解人类行为中的计算思维是利用计算手段来研究人类的行为，通过设计、实施和评估人与环境之间的交互，来研究人们之间的交互方式、社会群体的形态及演化规律等问题。

例如，今天你上网购买或查阅了某类产品，明天打开网页时会自动弹出与之相关的网页超链接，这便是当今人们在理解人类行为中的计算思维的体现。由此我们会联想到"网络爬虫"这一网络用语。

网络爬虫的产生是有其相应背景的。随着网络应用迅猛发展，万维网成为大量信息的载体，如何有效地提取并利用这些信息成为一个巨大的挑战。搜索引擎，如传统的通用搜索引擎 Yahoo 和 Google 等，作为一个辅助人们检索信息的工具成为用户访问万维网的入口和指南。但是，这些通用性搜索引擎也存在着一定的局限性，主要体现在以下几个方面。

（1）不同领域、不同背景的用户往往具有不同的检索目的和需求，通用搜索引擎所返回的结果包含大量用户不关心的网页。

（2）通用搜索引擎的目标是尽可能大的网络覆盖率，有限的搜索引擎服务器资源与无限的网络数据资源之间的矛盾将进一步加深。

（3）万维网数据形式的丰富和网络技术的不断发展，图片、数据库、音频、视频多媒体等不同数据大量出现，使通用搜索引擎往往对这些信息含量密集且具有一定结构的数据无能为力，不能很好地发现和获取。

（4）通用搜索引擎大多提供基于关键字的检索，难以支持根据语义信息提出的查询。

为了解决上述问题，定向抓取相关网页资源的聚焦爬虫应运而生。聚焦爬虫将目标定为抓取与某一特定主题内容相关的网页，所有被爬虫抓取的网页将会被系统存储，进行一定的分析、过滤，并建立索引，以便之后的查询和检索。这就是为什么当我们利用网络进行信息搜索、网上购物之后，再次上网时，与之相关的网页超链接会自动弹出的原因。这也是理解人类行为中的计算思维的例证。

在维基百科（Wikipedia）中，计算思维被解释为一种新的计算机科学技术广泛使用的问题求解方法，可利用算法高效率地求解大规模复杂问题。

美国科学家斯蒂芬·沃尔夫勒姆（Stephen Wolfram）在他的科学巨著《一种新科学》（*A New Kind of Science*）中指出，传统的科学建立在数学基础上，新的科学建立在计算机程序上。

孙家广院士在《计算机科学的变革》一文中指出，计算机科学界最具有基础性和长期性的思想是计算思维。

1.4.3　计算思维的本质

计算思维的本质是抽象和自动化（程序、算法）。计算思维可以用"抽象""算法"来概括，也可用"合理抽象""高效算法"来概括。

1. 抽象

对物理世界进行建模和模拟，把物理世界的变化解释成某种计算过程，并以形式化的方式表达出来。

2. 合理抽象

懂得计算的能力和极限，知道哪些问题可以计算，哪些问题不可以计算。同时，把待解决的问题抽象成有效的计算过程，建立有效的计算模型。

3. 算法

算法是指解题方案准确而完整的描述，是一系列解决问题的清晰指令或步骤。

4. 高效算法

解决同一个问题有不同的算法，如何设计计算过程在最短时间内正确可靠地完成。

计算思维中的抽象完全超越物理的时空观，并完全用符号来表示。与数学和物理科学相比，计算思维中的抽象显得更为丰富，也更为复杂。在计算思维中，所谓抽象就是要求能够将问题抽象并进行、形式化表达（这些是计算机的本质），使设计的问题求解过程达到精确、可行，并通过程序（软件）作为方法和手段对求解过程予以"精确"地实现。也就是说，抽象的最终结果是能够机械地一步步自动执行。

1.4.4　计算思维能力

计算思维能力是指建立起利用计算机技术解决问题的思路，并理解问题的可求解性。

计算思维能力的核心是求解问题的能力，包括发现问题、寻求解决问题的思路、分析比较不同的方案、验证方案。

计算思维能力的关键是问题抽象、模型建立、算法设计和实现。

计算思维能力的培养是指深入掌握计算机解决问题的思路，更好地用好计算机，把计算机处理问题的方法用于各个领域，推动在各个领域中运用计算思维，更好地与信息技术相结合。

中国科学院计算技术研究所研究员徐志伟总工认为，计算思维是一种本质的、所有人都必须具备的思维方式，就像识字、做算术一样；在 2050 年以前，让地球上每一个公民都应具备"计算思维"的能力。

在普适计算的今天，人们的计算思维能力必将得到快速发展和提高，但真正的能力是"练"出来的，而不是"教"出来的，因此，计算思维能力需要在不断实践中提高。

1.5　计算在其他学科的应用

1.5.1　计算社会学

2009 年 2 月，美国哈佛大学大卫·拉泽（David Lazer）等 15 位美国学者在《科学》（*Science*）杂志上联合发表了一篇具有里程碑意义的文章《计算社会学》（*Computational Social Science*）。该文指出，"计算社会学"这一学科正在兴起，人们将在前所未有的深度和广度上收集和利用数据，为社会科学的研究服务。

计算社会学是社会学的一门分支，其使用密集演算的方法来分析与模拟社会现象。计算社会学通过计算机模拟、人工智能、复杂的统计方法以及社会性网络分析等新的途径，由下而上地塑造社会互动的模型，是发展与测试复杂社会过程的理论。

计算社会学主要研究网络、群体。总有一天，计算社会学不仅可以得到人与人之间的规律，而且可以预测整个社会未来的发展趋势。这些趋势包括经济规模、社会制度等。

从我国"一带一路"发展战略体会计算社会学。"一带一路"（One Belt and One Road，OBAOR 或 OBOR）是指"丝绸之路经济带"和"21 世纪海上丝绸之路"。"一带一路"不是一个实体和机制，而是合作发展的理念和倡议，是充分依靠中国与有关国家的双多边机制，借助既有的、行之有效的区域合作平台（可以理解为社会网络），旨在借用古代"丝绸之路"的历史符号，高举和平发展的旗帜，积极主动地发展与沿线国家的经济合作伙伴关系，共同打造政治互信、经济融合、文化包容的利益共同体、命运共同体和责任共同体（可以理解为：塑造社会互动的模型）。"一带一路"规划，被认为是"中国版马歇尔计划"的战略载体，实质是，在通路、通航的基础上通商，主要影响铁路、航空、航海、农业、商贸流通、油气进口等行业。

1.5.2　计算生物学

计算生物学（Computational Biology）是生物学的一个分支。根据美国国家卫生研究院（National Institutes of Health，NIH）的定义，它是指开发和应用数据分析及理论的方法、数学建模和计算机仿真技术，用于生物学、行为学和社会群体系统的研究的一门学科。

当前，生物学数据量和复杂性不断增长，每 14 个月基因研究产生的数据就会翻一番，单单依靠观察和实验已难以应付。因此，必须依靠大规模计算模拟技术，以从海量信息中提取最有用的数据。

计算生物学的研究内容主要包括以下几个方面。

（1）生物序列的片段拼接。

（2）序列对接。

（3）基因识别。人类长达 30 亿的 DNA 序列中只有 3%～5% 是基因，阐明人体中全部基因的位置、结构、功能、表达等。与之相关的一个重要应用就是模拟基因表达数据集。

（4）种族树的建构。

（5）蛋白质结构预测。任意给一段蛋白质序列，生物学家虽然可以用传统的生物学方法求出其结构，但这不但成本高而且费时，而计算生物学的蛋白质结构预测工具通过序列分析可以直接得出其结构，如 CYTO 为人类 T 细胞中的因果蛋白质信号网络。

（6）生物数据库。生物学数据量不断增长，每 14 个月基因研究产生的数据就会翻一番，观察和实验已不能满足需求。这时，生物数据库显示了强大的威力。例如，CATH 蛋白结构分类数据库、果蝇交互数据库。随着科学技术的发展，计算生物学的应用也越来越广泛，如对生物等效性的研究、皮肤的电阻、骨关节炎的治疗、哺乳动物的睡眠等。

以上，仅仅介绍了计算社会学、计算生物学，而类似这样的新兴学科还很多。我们可以看出，这些学科都与计算科学密不可分，都属于交叉学科。这些学科与计算、可计算性、计算思维的基本理论与思维方式是紧密融合的。因此，掌握和理解计算思维的内涵，学会常规算法的设计是每个人都应该拥有的基本素质。

思 考 题

1. 什么是计算？什么是可计算？
2. 阐述图灵在计算机理论发展中的主要贡献。
3. 阐述图灵机模型中的主要组成部分及作用。
4. 简述什么是计算思维。
5. 阐述你对计算思维的理解。

第2章
计算机基础知识

电子数字计算机是 20 世纪最重大的科技成就之一。自 1946 年第一台电子计算机问世以来，计算机得到迅速发展，并已广泛应用于工农业生产、科学研究、国防及人们日常工作和生活的各个领域。伴随人类进入 21 世纪，以高科技为支撑的信息化社会已经到来，掌握计算机知识和应用能力已成为现代人一个重要标志。计算机技术的进一步发展和应用必将对社会发展和人类文明产生更大的促进作用，也将对社会政治、经济、文化和人类生活的各个方面产生巨大而深远的影响。

2.1　计算机组成与工作过程

2.1.1　计算机简介

计算机（computer）是一种用于高速计算的电子计算机器，可以进行数值计算，也可以进行逻辑计算，还具有存储记忆功能，是能够按照程序运行，自动、高速处理海量数据的现代化智能电子设备。计算机由硬件系统和软件系统所组成，没有安装任何软件的计算机称为裸机。

2.1.2　计算机的组成

一个完整的计算机系统，包括硬件系统和软件系统两部分，其组成如图 2-1 所示。

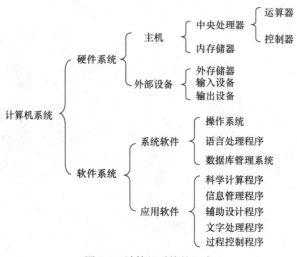

图 2-1　计算机系统的组成

硬件系统是指由电子电路和机械装置所构成的计算机实体，是计算机系统的物质基础，如 CPU、存储器、输入设备、输出设备等。只有硬件系统的计算机又称为裸机。裸机只能识别由 0 和 1 组成的机器代码。没有软件系统的计算机几乎是没有用的。

软件系统是为运行、管理和维护计算机而编制的各种程序的总称。实际上，用户所面对的计算机是经过若干层软件"包装"起来的计算机。计算机的功能不仅仅取决于硬件系统，更大程度上是由所安装的软件系统所决定。

当然，在计算机系统中，对于软件和硬件的功能没有一个明确的分界线。软件实现的功能可以用硬件来实现，称作固化或硬化，例如微机中的 ROM 芯片中就固化了系统的引导程序。同样，硬件实现的功能也可以用软件来实现，称为硬件软化，例如，在多媒体计算机中用于处理视频信息（包括获取、编码、压缩、解压缩和回放等）的设备视频卡，一般通过软件来实现。

对某些功能，是使用硬件实现还是软件实现，取决于系统价格、速度、所需存储容量及可靠性等因素。一般来说，同一功能用硬件实现，可速度快、减少所需存储容量，但灵活性和适应性较差，而且成本高；用软件实现，可提高灵活性和适应性，但通常以降低速度作为代价。

2.1.3　计算机系统结构

1945 年美籍匈牙利科学家冯·诺依曼（Von Neumann）提出了一个"存储程序"的计算机方案。这个方案包含 3 个要点。

① 采用二进制数的形式表示数据和指令。

② 将指令和数据存放在存储器中。

③ 计算机硬件由控制器、运算器、存储器、输入设备和输出设备等五大部分组成。

"存储程序"工作原理的核心是"程序存储"和"程序控制"，就是通常所说的"顺序存储程序"概念。我们将按照这一原理设计的计算机称为"冯·诺依曼型计算机"。图 2-2 描述了"冯·诺依曼型计算机"硬件系统的五大功能部件。图中 ⟶ 表示控制流，⟺ 表示数据流。

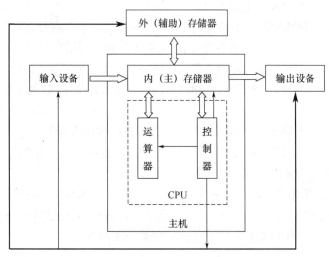

图 2-2　硬件系统中五大功能部件

1. 运算器

运算器是用来进行算术运算和逻辑运算的部件，主要由算术逻辑单元和一组寄存器构成。它对取自内存储器或寄存器中的数据进行算术或逻辑运算，再将运算结果送到内存储器或寄存器。

算术逻辑单元（Arithmetic and Logic Unit，ALU）是运算器的核心。它以全加器为基础，并辅以移位和控制逻辑组合而成。在控制信号的控制下，算术逻辑单元可以进行加、减、乘、除等算术运算和逻辑与、逻辑或、逻辑非等逻辑运算。

寄存器组用来存放 ALU 运算中所需的数据及运算结果。

2. 控制器

控制器的功能是按照程序要求控制计算机各部件协调一致地工作。控制器的工作是从存储器中取出指令、分析指令、翻译指令、向其他各部件发出控制信号。

控制器由程序计数器（Program Counter，PC）、指令寄存器（Instruction Register，IR）、指令译码器（Instruction Decoder，ID）、时序控制电路以及微操作控制电路等组成。

① 程序计数器：用来对程序中的指令进行计数，使控制器能够依次读取指令。

② 指令寄存器：在指令执行期间暂时保存正在执行的指令。

③ 指令译码器：用来识别指令的功能，分析指令的操作要求。

④ 时序控制电路：用来生成时序信号，用来协调在指令执行周期各部件的工作。

⑤ 微操作控制电路：用来产生各种控制操作命令。

运算器和控制器合在一起称为中央处理单元（Central Processing Unit，CPU），它是计算机的核心部件。

3. 存储器

计算机系统中的存储器有两大类。一类是设在主机中的内存储器，也称主存储器，简称内存或主存。另一类是属于计算机外部设备的外存储器，也称辅助存储器，简称外存或辅存。

（1）主存储器

主存储器用来存放当前 CPU 所需的程序和数据，可以和 CPU 直接进行信息交换。内存储器存取速度快、价格高，但容量较小。

与存储器相关的术语如下。

① 位（bit）：用来存放 0 或 1 的 1 位二进制数称为位。

② 字节（Byte）：每相邻的 8 个二进制位为一个字节。字节是存储器最基本的单位。

③ 地址（Address）：实际上，存储器是由许多个二进制位线性排列构成的。为了存取方便，每 8 个二进制位组成一个存储单元称为字节，并给每个字节一个编号，称为内存地址。CPU 能够访问内存的最大寻址范围与 CPU 的地址线的根数有关。例如，若 CPU 的地址总线有 32 根，则寻址范围为 $0 \sim 2^{32}-1$。

④ 字长：作为一个整体参与运算与处理的一组二进制数称为一个字。一个字所包含的二进制数的位数称为字长。字长越长，运算精度越高、处理速度越快，但价格也高。计算机的字长都是字节的整数倍，如字长为 8、16、32、64 等。

⑤ 存储容量：是指存储器能够存储信息的总字节数，其基本单位是字节（Byte）。此外，随着存储器容量的不断加大，为了表示方便，还有几个常用的存储容量单位 KB（千字节）、MB（兆字节）、GB（吉字节）、TB（太字节）。它们之间的换算关系如下。

1Byte = 8bit

$1KB = 2^{10}Byte = 1024Byte$

$1MB = 2^{10}KB = 1024KB$

$1GB = 2^{10}MB = 1024MB$

$1TB = 2^{10}GB = 1024GB$

（2）外存储器

外存储器用来存放需要长期保存的程序和数据，属于永久性存储器。外存中的数据不能直接被 CPU 处理，而要先读入内存，然后再处理。相对内存而言，外存的容量大、价格低，但存取速度慢。它因连接在主机之外而称作外存。常见的外存储器有软盘、硬盘、光盘、磁带和 U 盘等。

4．输入设备

输入设备的功能是将程序、数据或其他信息转换成计算机能使用的编码，并顺序送入内存。常用的输入设备有键盘、鼠标、扫描仪、光笔、触摸屏等。

5．输出设备

输出设备的功能是将计算机内部的程序、数据、运算结果等二进制信息转换成人类或其他设备能接收和识别的形式，如字符、文字、图形、图像、声音等。常用的输出设备有显示器、打印机、绘图仪、投影仪、音响等。

2.1.4　计算机工作过程

计算机之所以能够自动、连续地工作，主要是由于在内存中存放了程序。在控制器的指挥下，计算机从内存中逐条取出指令、分析指令、执行指令，进而完成相应操作。

1．指令、指令系统、程序

（1）指令

指令是控制计算机进行基本操作的命令。通常一条指令由操作码和操作数两部分构成。操作码指出操作的性质，操作数则给出参与操作的数本身或该数在内存中的地址。

一条计算机指令以二进制编码表示，由一串 0 和 1 排列组合而成，能被计算机直接识别和执行，因此称为机器指令或机器码。为了方便记忆和书写，人们通常采用助记符来表示指令。例如，二进制机器码 0111010000010101B（十六进制形式为 7415H），用助记符 MOV A，#15H 表示，其功能是将十六进制数 15 赋给变量 A。

（2）指令系统

通常，计算机能够完成多种操作，即能执行多条指令。将计算机所能执行的所有指令的集合称为指令系统。由于不同计算机硬件结构不尽相同，其指令系统也不同，如 Intel 8085 有 78 条指令，MSC-51 系列中的 8031 有 111 条指令，差别很大。

（3）程序

程序是指为完成某一任务而由指令系统中的若干指令组成的有序集合。编写程序称为程序设计。用机器指令编写的程序，计算机可直接识别和执行，称为目标程序。用助记符编写的程序称为汇编语言源程序，计算机不能直接识别和执行，需要用汇编程序汇编生成目标程序后才能被计算机执行。用高级语言编写的高级语言源程序由语句构成，一条语句可翻译成一条或几条计算机指令。高级语言源程序只有经过编译、链接生成可执行文件后，才能被计算机识别和运行。

2．程序在计算机中的执行过程

要执行程序，首先要将程序和需要的数据存放到内存。执行程序就是逐条执行程序中每一条指令。计算机在执行一条指令时，首先将该指令从内存中取出放到 CPU，然后通过控制器分析该指令译码，判断该指令要完成的操作，最后向相关部件发出控制信号完成该操作。

总之，计算机的工作就是执行程序，即自动连续地执行一系列指令。在控制器的控制下，反复完成取指令、分析指令、执行指令，直至程序结束。

2.2 信息在计算机中的表示

2.2.1 进位计数制及数制转换

计算机可以处理各种形式的数据，例如数值、字符、汉字，而这些数据在计算机中都是以二进制形式表示的。下面首先介绍数制的概念，再介绍二进制、八进制、十六进制以及它们之间的转换。

1. R进制数

人类在生产实践和日常生活中，创造了很多表示数的方法，而这些数的表示规则被称为数制。使用有限个数符采用进位方式记数的数制叫做进位计数制。例如，人们常用的十进制，钟表计时中使用的 60 进制等。

从十进制计数制可以看出进位计数制的一些特点：任何一个十进制数均由 0~9 等 10 个数字符号组成，这些数字符号称为数码；数码的个数称为基数，十进制的基数为 10，逢十进一；不同的位置具有不同的位权，整数部分第 i 位（从小数点开始从右至左数）的位权为 10^{i-1}，小数部分第 i 位（从小数点开始从左至右数）的位权为 10^{-i}；任何一个十进制数均可写为按位权展开的形式，例如 $123.45 = 1 \times 10^2 + 2 \times 10^1 + 3 \times 10^0 + 4 \times 10^{-1} + 5 \times 10^{-2}$。

任意 R 进制计数制同样有基数、位权和按位权展开式，其中 R 可以是任意正整数，比如，二进制的 R 为 2，八进制的 R 为 8，十六进制的 R 为 16。具体来讲，R 进制计数制有如下特点。

（1）每一种数制所使用的数码的个数称为基数 R。

（2）进位原则，逢 R 进位。

（3）不同的位置具有不同的位权，整数部分第 i 位（从小数点开始从右至左数）的位权为 R^{i-1}，小数部分第 i 位（从小数点开始从左至右数）的位权为 R^{-i}。例如，十进制的基数为 10（数码 0~9），位权是 10 的 n 次幂，二进制的基数为 2（数码 0~1），位权是 2 的 n 次幂，八进制的基数为 8（数码 0~7），位权是 8 的 n 次幂，十六进制的基数为 16（数码 0~9、A-F），位权是 16 的 n 次幂。

（4）任何一个 R 进制数均可写为按位权展开的形式。

与十进制数值的表示类似，任一 R 进制数的值都可表示为数码本身的值与所在位置位权的乘积之和。例如：

十进制数 123.45 的按位权展开式为：

$(123.45)_{10} = 1 \times 10^2 + 2 \times 10^1 + 3 \times 10^0 + 4 \times 10^{-1} + 5 \times 10^{-2}$

二进制数 101.11 的按位权展开式为：

$(101.11)_2 = 1 \times 2^2 + 0 \times 2^1 + 1 \times 2^0 + 1 \times 2^{-1} + 1 \times 2^{-2}$

八进制数 123.45 的按位权展开式为：

$(123.45)_8 = 1 \times 8^2 + 2 \times 8^1 + 3 \times 8^0 + 4 \times 8^{-1} + 5 \times 8^{-2}$

十六进制数 123.AB 的按位权展开式为：

$(123.AB)_{16} = 1 \times 16^2 + 2 \times 16^1 + 3 \times 16^0 + 10 \times 16^{-1} + 11 \times 16^{-2}$

计算机中常用几种不同的进位计数制，包括二进制、八进制、十六进制和十进制。二进制数更容易用逻辑线路处理，更接近计算机硬件能直接识别和处理的电子化信息的使用要求，而使用计算机的人更容易接受十进制数。八进制、十六进制可以缩短二进制的书写长度。表 2-1 列出了 0～15 等 16 个十进制数与其他 3 种数制的对应关系。

表 2-1　　　　　　　　　　　　　　各数制之间的对应关系

十进制数	二进制数	八进制数	十六进制数	十进制数	二进制数	八进制数	十六进制数
0	0000	0	0	8	1000	10	8
1	0001	1	1	9	1001	11	9
2	0010	2	2	10	1010	12	A
3	0011	3	3	11	1011	13	B
4	0100	4	4	12	1100	14	C
5	0101	5	5	13	1101	15	D
6	0110	6	6	14	1110	16	E
7	0111	7	7	15	1111	17	F

从表 2-1 可以看出八进制的每个数码均与 3 位二进制数具有一一对应关系，十六进制的每个数码均与 4 位二进制数具有一一对应关系。这是以后进行二进制数与八进制数、十六进制数转换的根据。

为了不混淆以上 4 种进位计数制，书写时，需遵守以下规范。

① 在数字后面加写相应的英文字母标志。

二进制——B　　　　　如 1011.011B

八进制——O　　　　　如 1045.67O

十进制——D（或省略）　如 123.45D 或 123.45

十六进制——H　　　　如 134.ABH

② 在括号外面加数字下标。

如（1011）$_2$、（2514）$_8$ 等。

2. 几种进位计数制间的等值转换

（1）非十进制数转换为十进制数

利用按位权展开的方法，可以将 R 进制数转换为十进制数。下面分别举例。

例 2.1　将二进制数 101.11 转换为十进制数。

解：

$101.11B = 1 \times 2^2 + 0 \times 2^1 + 1 \times 2^0 + 1 \times 2^{-1} + 1 \times 2^{-2} = 4 + 1 + 0.5 + 0.25 = 5.75D$

例 2.2　将八进制数 127.1 转换为十进制数。

解：

$127.1O = 1 \times 8^2 + 2 \times 8^1 + 7 \times 8^0 + 1 \times 8^{-1} = 64 + 16 + 7 + 0.125 = 87.125D$

例 2.3　将十六进制数 1AF 转换为十进制数。

解：

$1AFH = 1 \times 16^2 + 10 \times 16^1 + 15 \times 16^0 = 256 + 160 + 15 = 431D$

（2）十进制数转换为 R 进制数

十进制数通常包含整数和小数两部分，转换为 R 进制数时，应对整数部分和小数部分分别进行转换，但转换的方法不同。

十进制整数转换为 R 进制整数的方法是"除 R 取余"法，具体步骤为：将十进制整数除以 R，得一商数和余数，再将商数除以 R，又得到新的商数和余数，依此类推，直到商数为 0 为止。

上述步骤中，每次相除所得的余数即为相应 R 进制整数的各位数码。第一次所得的余数为最低位数码，最后一次所得余数为最高位数码。综上所述，十进制数转换为 R 进制数的方法可以理解为"除 R 取余，自下而上"。

当 $R = 2$，可将十进制整数转换为二进制整数。当 $R = 8$，可将十进制整数转换为八进制整数。当 $R = 16$，可将十进制整数转换为十六进制整数。

例 2.4 将十进制数 37 转换为二进制整数。

解：

按上述方法得

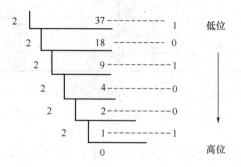

因此 37D = （100101）$_2$。

十进制小数转换为 R 进制小数的方法是"乘 R 取整，自上而下"，具体步骤为：将十进制小数乘以 R，得一整数部分和一小数部分，再将 R 乘以所得的小数部分，又得到一新的整数部分和小数部分，这样不断地用 R 去乘所得的小数部分，直到小数部分为 0 或达到要求的精度为止。

上述步骤中，每次相乘所得的整数部分即为相应 R 进制小数的各位数码。第一次相乘所得的整数部分为最高位数码，最后一次相乘所得的整数部分为最低位数码。

当 $R = 2$，可将十进制小数转换为二进制小数。当 $R = 8$，可将十进制小数转换为八进制小数。当 $R = 16$，可将十进制小数转换为十六进制小数。

说明：每次乘法后，取得的整数部分为 $0 \sim R-1$，即使 0 是整数部分，也要取。不是任意一个十进制小数都能够完全精确地转换成 R 进制小数，这时，应根据精度要求截取到某一位小数。

例 2.5 将十进制小数 0.43 转换为二进制小数，要求取 5 位小数。

解：

按照上述方法得

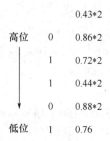

因此 0.43D = （0.01101）$_2$。

对既有整数部分又有小数部分的十进制数，可以先转换其整数部分为二进制数的整数部分，再转换其小数部分为二进制数的小数部分，然后将得到的两部分结果合并起来得到转换后的最终结果。例如，（37.43）$_{10}$ = （100101.01101）$_2$。

（3）二进制数与八进制数的相互转换

从表 2-1 可以看出，一位八进制数值与 3 位二进制数一一对应。根据这一规律，可以实现二进制数和八进制数的相互转换。

① 二进制数转换为八进制数

二进制数转换成八进制数前，首先需要从小数点所在位置分别向左、向右将每三位二进制数分成一组，再写出每一组二进制数所对应的一位八进制数即可。若小数点左侧（即整数部分）的位数不足 3，可以在数的最左侧补零。若小数点右侧（即小数部分）的位数不足 3，可以在数的最右侧补零。

例 2.6　将二进制数 1100111.10101101 转换为八进制数。

解：

按照上述方法，从小数点开始分别向左、右方向按每 3 位二进制数一组进行分隔。

<u>00</u>1 100 111. 101 011 01<u>0</u>

带下划线的部分是不足 3 位的补上 0，再用一位八进制数代表每组的 3 位二进制数。

147.532

因此（1100111.10101101）$_2$ =（147.532）$_8$

② 八进制数转换为二进制数

将八进制数转换成二进制数的方法与将二进制数转换成八进制数的方法相反，即将每一位八进制数用等值的 3 位二进制数表示，再去掉整数部分最左边和小数部分最右边的零。

例 2.7　将八进制数 365.124 转换为二进制数。

解：

　3　6　5 . 1　2　4

011 110　101 . 001　010 100

去掉整数部分左边和小数部分右边的零，因此（365.124）$_8$ =（11110101.0010101）$_2$

（4）二进制数与十六进制数的相互转换

从表 2-1 可以看出，一位十六进制数与 4 位二进制数一一对应。根据这一规律，可以实现二进制数和十六进制数的相互转换。

① 二进制数转换为十六进制数

二进制数转换成十六进制数前，首先需要从小数点所在位置分别向左、向右将每四位二进制数分成一组，再写出每一组所对应的一位十六进制数即可。若小数点左侧（即整数部分）的位数不足 4，可以在数的最左侧补零。若小数点右侧（即小数部分）的位数不足 4，可以在数的最右侧补零。

例 2.8　将二进制数 101100111.101011011 转换为十六进制数。

解：

按照上述方法，从小数点开始向左、右方向按每 4 位二进制数一组进行分隔。

<u>0</u>001 0110 0111.1010 1101 1<u>000</u>

带下划线的部分是不足 4 位的补上 0，再用一位十六进制数代表每组的 4 位二进制数。

167.AD8

因此（101100111.101011011）$_2$ =（167.AD8）$_{16}$

② 十六进制数转换为二进制数

将十六进制数转换成二进制数的方法与将二进制数转换成十六进制数的方法相反，即先将每一位十六进制数用等值的 4 位二进制数表示，再去掉整数部分最左边和小数部分最右边的零。

例 2.9　将十六进制数 365.1F4 转换为二进制数。

解：

　3　　　6　　　5.　　　1　　　F　　　4
　0011　0110　0101.　0001　1111　0100

去掉整数部分最左边和小数部分最右边的零后，$(365.1F4)_{16} = (1101100101.0001111101)_2$

2.2.2　带符号数在计算机中的表示

在计算机中，只有 0 和 1 两种数据形式，因此，数的正、负号也必须以 0 和 1 表示。通常将一组二进制数的最高位定义为符号位，用"0"表示正，"1"表示负，其余位表示数值。不定义符号位的数被称为无符号数，无符号数的所有位均表示数值。

2.2.3　定点数与浮点数

计算机内表示的数类型主要有定点整数、定点小数与浮点数三种。定点整数可以表示一定范围内的整数，定点小数可以表示一定范围内的纯小数，而既有整数又有小数的实型数只能用浮点数表示。

1.　定点小数

定点小数是指小数点准确固定在数据某一个位置上的小数。一般将小数点固定在符号位之后。按此规则，任何一个小数都可做如下表示。

$N = N_s N_{-1} N_{-2} \cdots\cdots N_{-M}$（其中，$N_s$ 表示符号位，数值位有 M 位）

如图 2-3 所示，在计算机中，用 $M+1$ 个二进制位表示一个小数，N_s 为符号位，小数点在符号位之后最高数值位之前，但不明确表示出来，而后面的 M 位表示该小数的数值。对用 $M+1$ 个二进制位表示的小数来说，其值的范围为 $|N| \leq 1 - 2^{-M}$。

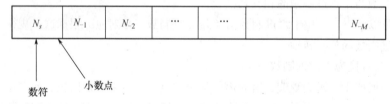

图 2-3　定点小数

2.　整数的表示

整数所表示的数据最小单位为 1，可以认为是小数点定在数值最低位的一种表示法。整数有带符号整数和无符号整数两种。对于带符号整数，最高位为符号位，可做如下表示。

$N = N_s N_{M-1} N_{M-2} \cdots\cdots N N_1 N_0$（其中，$N_s$ 表示符号位，数值位为 M 位），如图 2-4 所示。

图 2-4　定点整数

对用 $M+1$ 个二进制位表示的整数来说，其值的范围为 $|N| \leqslant 2^M$

对于无符号整数，所有的 $M+1$ 位均为数值位。此时，数值的表示范围为 $0 \leqslant |N| \leqslant 2^{M+1}-1$。在计算机中，一般用 8 位、16 位、32 位表示数据。一般定点数的范围较小，因此，在数值计算中，大都采用浮点数。

3. 浮点数的表示方法

浮点表示法对应于科学计数法，如二进制数 110.011B 可做如下表示。

$N = 110.011 = 1.10011 \times 2^{+10} = 11001.1 \times 2^{-10} = 0.110011 \times 2^{+11}$

在计算机中，一个浮点数由两部分构成，即阶码和尾数。阶码是整数，尾数是纯小数，分别表示科学计数法中的指数和尾数，具体存储形式如图 2-5 所示。

图 2-5　浮点数存储格式

另外，浮点数的正负是由尾数的数符决定，而阶码的正负决定小数点的位置。

例如，设尾数为 8 位，阶码为 6 位，则二进制数 $N = (-1101.010)_2 = (-0.110101)_2 \times 2^{(100)_2}$，浮点数的存放形式如图 2-6 所示。

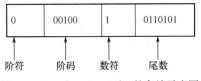

图 2-6　$N = (-1101.010)_2$ 的存放示意图

前面已经讲述，数在计算机中存放时，数符位置 0 表示正数，数符位置 1 表示负数。机器数在运算时，若将符号位同时和数值参与运算，会产生错误的结果，例如，$-5+4$ 的结果应为-1，但在计算机中若按照符号位和数值同时运算，即 $(10000101)_2 + (00000100)_2 = (10001001)_2$，结果为-9。为了解决这类问题，在机器数中，对带符号数提出 3 种表示法，即原码、反码和补码。

下面以整数（字长 8 位）为例说明原码、反码和补码。

① 原码

整数 X 的原码是指，符号位 0 表示正数，符号位 1 表示负数，而数值位就是 X 绝对值的二进制表示。通常用[X]$_原$表示 X 的原码。

例如：

[$+1$]$_原$ = 00000001　　　　　[$+127$]$_原$ = 01111111

[-1]$_原$ = 10000001　　　　　[-127]$_原$ = 11111111

在原码表示中，0 有两种表示形式，即[$+0$]$_原$ = 00000000 或[-0]$_原$ = 10000000。

可见，8 位原码表示的最大值为 127，最小值为-127，表示数的范围为-127 ~ 127。

原码表示法简单易懂，与其真值的转换方便。但当两个数做加法运算时，如果两数符号相同，则数值相加，符号不变；如果两数符号不同，要比较两数的绝对值大小，才能决定运算结果的符号和值。因此，原码表示法不便于运算。

② 反码

整数 X 的反码遵守的规则为：正数的反码与原码相同；对于负数，符号位为 1，其数值位为

X的绝对值按位取反（即 0 变为 1，1 变为 0）。通常用$[X]_{反}$表示X的反码。

例如：

$[+1]_{反} = 00000001$ $[+127]_{反} = 01111111$

$[-1]_{反} = 11111110$ $[-127]_{反} = 10000000$

在反码表示中，0 也有两种表示形式，即$[+0]_{反} = 00000000$或$[-0]_{反} = 11111111$。

可见，8 位反码表示的最大值、最小值、表示数的范围与原码相同。因此，反码运算也不方便。

③ 补码

整数X的补码遵守的规则为：正数的补码与原码相同；对于负数，符号位为 1，其数值位为X的绝对值按位取反后加 1，即为反码加 1。通常用$[X]_{补}$表示X的补码。

例如： $[+1]_{补} = 00000001$ $[+127]_{补} = 01111111$

         $[-1]_{补} = 11111111$ $[-127]_{补} = 10000001$

在补码表示中，0 有唯一的编码，即$[+0]_{补} = [-0]_{补} = 0000000$。

因而可以用多出来的一个编码 10000000 来扩展补码所能表示的数值范围，即将负数最小值扩至-128。这里的最高位 1，既可看做符号位表示负数，又可表示为数值，其值为-128。这就是补码与原码、反码最小值不同的原因。

利用补码可以方便地进行运算。例如，$-5+4$ 的运算结果为 11111111，是-1 的补码形式。因此，在补码形式下，有$[X]_{补} + [Y]_{补} = [X+Y]_{补}$，$[X]_{补}-[Y]_{补} = [X] + [-Y]_{补}$，$[[X]_{补}]_{补} = [X]_{原}$。

由此可知，利用补码可方便地实现正、负数的加法运算。这样，在数值的有效存放范围内，符号位如同数值一样参与运算，也允许产生最高位的进位。因此，补码使用较广泛。

2.2.4 逻辑运算

在计算机中，除了可以进行算术运算，还可以进行逻辑运算，最基本的逻辑运算有与运算（AND）、或运算（OR）和非运算（NOT）。通过这三个基本逻辑运算，可组合出任何其他逻辑关系。在逻辑运算中，非运算的优先级别最高，与运算次之，或运算最低。

1. 与运算

与运算（AND）是逻辑乘运算，其运算规律为"全 1 为 1，否则为 0"，即 1 AND 1 = 1、1 AND 0 = 0、0 AND 1 = 0、0 AND 0 = 0。

例 2.10 $(10011100)_2$ AND $(00111001)_2 = (00011000)_2$

需要注意的是：所有的逻辑运算是一种位运算，逐位按规则运算即可。

2. 或运算

或运算（OR）是逻辑加运算，其运算规律为"全 0 为 0，否则为 1"，即 1 OR 1 = 1、1 OR 0 = 1、0 OR 1 = 1、0 OR 0 = 0。

例 2.11 $(10011100)_2$ OR $(00111001)_2 = (10111111)_2$

3. 非运算

非运算（NOT）是逻辑值取反运算，因此也称为"取反"，即 NOT 0 = 1，NOT 1 = 0。

例 2.12 NOT $(10011011)_2 = (01100100)_2$

2.2.5 二进制编码

1. 西文字符编码

计算机中的信息都是用二进制编码表示的，而用于表示字符的二进制编码称为字符编码。计算机中常用的字符编码有 ASCII 和 EBCDIC 码，其中，微型计算机采用 ASCII 码，大型机采用 EBCDIC 码。这里主要介绍 ASCII 码。标准 ASCII 码字符集如表 2-2 所示。

表 2-2　　　　　　　　　　　　　　　标准 ASCII 字符集

ASCII 值	控制字符	ASCII 值	控制字符	ASCII 值	控制字符	ASCII 值	控制字符
0	NUT	32	（space）	64	@	96	`
1	SOH	33	!	65	A	97	a
2	STX	34	"	66	B	98	b
3	ETX	35	#	67	C	99	c
4	EOT	36	$	68	D	100	d
5	ENQ	37	%	69	E	101	e
6	ACK	38	&	70	F	102	f
7	BEL	39	'	71	G	103	g
8	BS	40	(	72	H	104	h
9	HT	41	)	73	I	105	i
10	LF	42	*	74	J	106	j
11	VT	43	+	75	K	107	k
12	FF	44	,	76	L	108	l
13	CR	45	-	77	M	109	m
14	SO	46	.	78	N	110	n
15	SI	47	/	79	O	111	o
16	DLE	48	0	80	P	112	p
17	DCI	49	1	81	Q	113	q
18	DC2	50	2	82	R	114	r
19	DC3	51	3	83	X	115	s
20	DC4	52	4	84	T	116	t
21	NAK	53	5	85	U	117	u
22	SYN	54	6	86	V	118	v
23	TB	55	7	87	W	119	w
24	CAN	56	8	88	X	120	x
25	EM	57	9	89	Y	121	y
26	SUB	58	:	90	Z	122	z
27	ESC	59	;	91	[	123	{
28	FS	60	<	92	\	124		
29	GS	61	=	93	]	125	}
30	RS	62	>	94	^	126	~
31	US	63	?	95	—	127	DEL

ASCII 码是美国标准信息交换码，被国际标准化组织定为国际标准。ASCII 有 7 位码和 8 位码两种版本。国际通用的 7 位 ASCII 码用 7 位二进制数表示一个字符的编码，其编码范围是 0000000B ～ 1111111B，共有 128 个不同的编码，相应可表示 128 个不同的字符，其中 34 个（00 ～ 32，127）个控制字符，94（33 ～ 126）个可见字符。在计算机内部存储时，用 1 个字节（8 个二进制位）存储一个 7 位的 ASCII 码。正常情况下，在最高位置 0。在需要奇偶校验时，这一位可用于存放奇偶校验的值，此时称这一位为校验位。例如 "A"，在表 2-2 中查得 ASCII 码值为 65，

7 位 ASCII 编码为 1000001，计算机内用 1 个字节存储，最高位置 0，在计算机内表示为 01000001。

西文字符除了常用的 ASCII 码外，还有一种扩展的二—十进制交换码（Extended Binary Coded Decimal mterchange Code，EBCDIC 码）。这种字符编码主要用在大型机中，由 8 位二进制数组成，可表示 256 个字符，但只使用其中的一部分。

2. 汉字编码

ASCII 码只对英文字母、数字和标点符号进行了编码。若要使用计算机处理汉字，就必须对汉字进行编码。计算机处理信息的一般过程为输入信息的存储和处理及输出结果。同样，计算机处理汉字也要经历这几个阶段，且每个阶段均需要相应的编码，即汉字的输入码、机内码、字型码、汉字地址码及汉字信息交换码等。可以说计算机处理汉字的过程，其实就是各种汉字编码间的转换过程。下面分别介绍这些编码。

（1）汉字信息交换码

汉字交换码是汉字信息处理系统之间，或汉字信息处理系统与通讯系统之间，进行信息传输时，对每个汉字所规定的统一编码，简称交换码，或称国标码。

我国 1981 年颁布了信息交换用汉字编码字符集（基本集）（代号 GB2312-80），即国标码。

国标码规定：一个汉字用两个字节表示；为了中英文兼容，国标码中所有字符的每个字节的编码范围与 ASCII 表中的 94 个字符的编码相一致，因此，其编码范围为 2121H～7E7EH（共可以表示 94×94 个字符）。

国标码规定了一般汉字处理时所使用的 7445 个字符，其中，一级常用汉字 3755 个，按照汉语拼音字母顺序排列；二级次常用汉字和偏旁部首 3008 个，按照偏旁部首排列，部首按笔画多少排序；图形符号 682 个。

国标码也有一张类似于 ASCII 表的国标码表，就是将 7445 个国标码放在一个 94 行×94 列的矩阵中，矩阵的每一行称为一个汉字的"区"，用区号表示，每一列称为一个汉字的"位"，用位号表示。显然区号和位号的范围均为 1～94。这样，一个汉字在表中的位置就可以用它所在的区号与位号来确定。一个汉字的区号与位号的组合就是该汉字的区位码。区位码也是一种输入法，其优点是无重码，缺点是难以记忆。对此，将区号（转换为 16 进制）和位号（16 进制）各加 32 构成国标码。这是为了与 ASCII 码兼容。例如，"中"的区位码是 5448，即该字位于 54 区 48 位，国标码可以在区位码基础上换算得到，根据国标码 =（区位码的十六进制表示）+ 2020H，"中"的国标码就是 8680H。

（2）汉字机内码

汉字机内码是为在计算机内部对汉字进行存储、处理而设置的汉字编码，简称内码。当一个汉字输入计算机后就转换为内码，然后才可以在机器内传输、处理。对应于国标码，一个汉字的内码也用 2 个字节存储，并且将每个字节的最高二进制位都置为 1，以免与单字节的 ASCII 码冲突，即国标码两个字节的每个字节最高位置 1，就转换为了内码，如"中"的国标码是 8680H（或 01010110 01010000）₂，其内码是（11010110 11010000）₂ =（D6D0）H。

（3）汉字输入码

汉字输入码是为解决用户由计算机外部输入汉字而编制的汉字编码，也称为外码。

目前汉字输入主要是经标准键盘输入到计算机中的，因此汉字输入码都是由键盘上的字符或数字组合而成。目前输入码用得较多的有 4 类，分别为顺序码（如区位码、电报码）、音码（如拼音码）、形码（如五笔字形）、音形码（如自然码）。

对于同一个汉字，不同的输入法有不同的输入码。例如，"中"字的全拼输入码是 zhong，双拼输入码是 vs，五笔输入码是 kh。这些不同的输入码通过字典转换统一到标准的国标码。

（4）汉字字形码

目前，汉字信息处理系统中大多以点阵的方式形成汉字，而汉字字形码就是确定一个汉字字形的编码，也称字模。

汉字是方块字，将方块等分为 n 行 n 列的格子，简称为点阵。点阵中的点对应存储器中的一位，对于 16×16 点阵的汉字，有 256 个点，即 256 位。计算机中 8 个二进制位作为一个字节，因此一个 16×16 的汉字点阵信息需要 $16 \times 16 \div 8 = 32$ 个字节表示。

点阵数越大，分辨率越高，字形越美观，但占用的存储空间越多。汉字字形通常分为通用型和精密型两种。通用型汉字字形点阵分成 3 种，即简易型（16×16 点阵）、普通型（24×24 点阵）、提高型（32×32 点阵）。精密型汉字字形用于常规的印刷排版（一般在 96×96 点阵以上），占据空间较大，常采用信息压缩存储技术。

汉字的点阵信息在汉字输出时要经常使用，因此就将汉字的点阵信息固定地存储起来。存放各个汉字字形码的实体称为汉字库。为满足不同用户的需求，还出现了各种各样的字库，如黑体字库、仿宋体字库、繁体字库等。

2.2.6　多媒体信息在计算机中的表示

前面已经介绍了数值、文本在计算机中都是转换成二进制编码来存储和处理的。同样，声音、图形、视频等信息也要转换成二进制编码后才能存储和处理。在计算机中，声音通常用波形文件或压缩的音频文件来表示，图形主要用位图编码和矢量编码来表示和处理。

1. 音频数据的处理

（1）声音的三要素

声音是振动产生的，靠介质（如空气）传播，声音分为乐音和噪音，乐音的振动有一定规律，而噪音的震动无任何规律。决定不同声音通常用 3 个指标来描述，即音调、响度和音色。

① 音调

人耳对声音高低的感觉称为音调。音调主要和声音的频率、声音的声压级和声音的持续时间有关。声音频率的单位是 Hz，而正常的人耳能听到 20Hz ～ 20kHz 频率的声音。

② 响度

响度描述的是声音强弱的程度，表示人耳对声音的主观感受。响度的大小受音强、音高、音色、音长等因素的影响，而人能感知的声音范围一般为 0 ～ 120dB（分贝）。

③ 音色

音色是人耳对某种声音的综合感受。音色与多种因素有关，但主要是声音的频谱特性和包络（声音频率曲线的外轮廓线）。

（2）声音的数字化过程

自然声音是连续变化的模拟量，是不能被计算机所识别的。要使计算机能存储和处理声音信号，就必须将声音数字化。声音的数字化主要包括采样、量化和编码 3 个过程。

① 采样

模拟信号转换成数字信号，必须经过采样过程。声音的采样过程是在每个固定时间间隔内对音频信号截取一个振幅值，并用给定字长的二进制数表示，可将连续的模拟音频信号转换成离散的数字音频信号。截取模拟信号振幅值的过程称为采样。采样频率越高，数字信号就越接近原信号。一般人耳的听力范围是 20Hz ～ 20kHz 之间，因此采样频率达到 $20kHz \times 2 = 40kHz$ 时，即可满足人们的需要。目前大多数声卡的采样频率可达 44.1kHz 或更高。

② 量化

另一个影响音频信号数字化的因素是对采样信号进行量化的位数。声卡的采样位数为 8 位，就有 $2^8 = 256$ 种采样等级。如果采样位数为 16 位，就有 $2^{16} = 65536$ 种采样等级。如果采样位数为 32 位，就有 $2^{32} = 42.9$ 亿种采样等级。目前声卡为 24 位或 32 位采样量化。

③ 编码

模拟音频信号经过采样、量化之后，得到了一大批原始音频数据，将这些源数据按指定的文件类型（如 WAV、MP3 等）编码后，再加上音频文件的头部，就得到了数字音频文件。

常见的音频文件格式有 WAV、MP3、MP3PRO、Windows Media、MIDI、AAC、AIFF、AIFF 等数个类别。

2. 图像数据的处理

（1）图像的数字化

数字图像（Image）可以由数码照相机、数码摄像机、扫描仪、手写笔等设备获取。这些图形处理设备按照计算机能够接受的格式，对自然图像进行数字化处理，并以文件的形式存储在计算机中。图形处理设备或计算机对一幅自然图像进行数字化时，首先将连续的自然图像进行离散化处理，得到数字图像。当计算机将数字图像输出到显示器、打印机、电视机时，又要将离散化的数字图像合成为一幅处理设备能够接受的自然图像。

（2）图像的编码

① 二值图

只有黑、白两个颜色的图像称作二值图。图像信息是一个连续的变量，可用离散化的方法来编码。离散化的方法设置合适的取样分辨率，然后对二值图像中的每个像素用 1 位二进制数表示。一般黑色点用 1 表示，白色点用 0 表示。

② 灰度图像的编码

灰度图像的数字化方法与二值图相似，不一样的是将白色与黑色之间按照对应关系分为若干亮度等级，然后对每个像素点按亮度等级进行量化。一般将亮度分为 256 个等级（0 ~ 255），每个像素点的亮度用 8 位二进制数表示。

③ 彩色图像的编码

显示器上的任何色彩，都可以用红、绿、蓝（RGB）三个基本颜色按不同比例混合得到，因此，图像中的每个像点可以用 3 个字节进行编码。例如，红色用 1 个字节表示，亮度范围为 0 ~ 255（R = 0 ~ 255），绿色和蓝色也可以用同样的方法处理（G = 0 ~ 255，B = 0 ~ 255）。

采用上述方法，一个像素点可以表达的色彩范围是 $2^{24} = 1670$ 万种。目前大部分显示器的色彩深度为 32 位，其中，8 位记录红色，8 位记录绿色，8 位记录蓝色，8 位记录透明度，一起构成一个像素的显示效果。

（3）位图和矢量图

位图和矢量图是图形图像存储的两种不同类型。

位图也叫做栅格图像，是由多个像素组成的。位图图像放大到一定倍数后，可以看到一个一个方形的色块，整体图像也会变得模糊。位图的清晰度与像素的多少有关，单位面积内像素数目越多则图像越清晰，反之图像越模糊。高分辨率的彩色图像用位图存储所花费的存储空间较大。

矢量图又称为向量图形，是由线条和图块组成的。当对矢量图进行放大后，图像仍能保持原来的清晰度，且色彩不失真。矢量图的文件大小与图像大小无关，只与图像的复杂程度有关，因此简单的图像所占的存储空间小。

常见的图像文件格式有 BMP、JPEG、PSD、PCX、CDR、DXF、TIFF、EPS、GIF、AI、PNG 等数个类别。

2.3　计算机应用技术

随着计算机网络的发展，计算机应用技术也呈现出新的方向，主要发展方向有普适计算、网格计算、云计算、物联网和大数据等。

2.3.1　普适计算

普适计算（Pervasive Computing 或 Ubiquitous Computing），又称普存计算，强调将计算和环境融为一体。在普适计算模式下，人们能够在任何时间、任何地点以任何方式进行信息的获取与处理。

普适计算的核心思想是小型、便宜、网络化的处理设备。计算设备将不只依赖命令行、图形界面进行人机交互，而更依赖"自然"的交互方式，其目的是建立一个充满计算和通信能力的环境，同时使这个环境与人们逐渐地融合在一起。普适计算可以降低设备使用的复杂度，使人们的生活更加轻松、更有效率。

2.3.2　网格计算

随着科学的发展，世界上时刻都在产生着海量的信息。例如，一台高能粒子对撞机每年所获取的数据，用 100 万台 PC 的硬盘都容纳不下；而处理这些数据，对计算能力的要求会更高。面对如此海量的计算量，高性能的计算机也无能为力。于是，人们想到当今世界数亿台处于闲置状态的 PC。假如有一种技术，能够搜索到这些 PC，将它们并联起来，形成的计算能力将是非常强大的。于是，网格计算技术便应运而生了。

网格计算是利用互联网将分散在不同地理位置的计算机组织成一个"虚拟的超级计算机"，其中，每一台参与计算的计算机就是一个"节点"，而整个计算是由成千上万个"节点"组成的"一张网格"，因此这种计算方式叫网格计算。这样组织起来的"虚拟的超级计算机"有两个优势，一是数据处理能力超强，二是充分利用网上的闲置处理能力。

2.3.3　云计算

云计算（Cloud Computing）是一种基于互联网的计算方式。通过这种方式，共享的软硬件资源和信息可以按需提供给计算机和其他设备。

云计算的基本原理是，通过使计算分布在大量的分布式计算机上，让企业数据中心的运行与互联网相似。这样，企业就能够将资源切换到需要的应用上，并能根据需求访问计算机和存储系统。这是一种革命性的举措，其意味着计算能力也可以作为一种商品进行流通，就像煤气、水电一样，取用方便，费用低廉。

云计算主要有三种服务模式，即 SaaS（Softuare as a Service，软件即服务）、PaaS（Platform as a Service，平台即服务）和 IaaS（Infrastructure as a Service，基础设施即服务）。

SaaS 是将应用作为服务提供给客户。通过 SaaS，用户只要接上网络，并通过浏览器，就能直接使用在云端上运行的应用，而不需要顾虑类似安装等琐事，并且免去初期高昂的软硬件投入。

PaaS 是把服务器平台或者开发环境作为一种服务提供的商业模式。PaaS 实际上是指将软件研发的平台作为一种服务，以 SaaS 的模式提交给用户。因此，PaaS 也是 SaaS 模式的一种应用。PaaS 主要的用户是开发人员。

IaaS 指消费者通过 Internet 可以从完善的计算机基础设施获得服务。基于 Internet 的服务（如存储和数据库）是 IaaS 的一部分。

因此，IaaS 属于基础设施，比如网络光纤、服务器、存储设备等。PaaS 是在 Iaas 上的一层集成的操作系统，如服务器程序、数据库等。SaaS 是将软件当成服务来提供的方式，不再作为产品来销售。

2.3.4 物联网

物联网有两层意思。第一，物联网的核心和基础仍然是互联网，是在互联网基础上的延伸和扩展的网络。第二，物联网的用户端延伸和扩展到了任何物品与物品之间，进行信息交换和通讯。

物联网的定义是：通过射频识别（RFID）、红外感应器、全球定位系统、激光扫描器等信息传感设备，按约定的协议，把任何物品与互联网连接起来，进行信息交换和通讯，以实现智能化识别、定位、跟踪、监控和管理的一种网络。

从技术架构上来看，物联网可分为 3 层，即感知层、网络层和应用层。感知层由各种传感器以及传感器网关构成，是物联网识别物体、采集信息的来源，其主要功能是识别物体、采集信息。网络层由各种私有网络、互联网、有线和无线通信网、网络管理系统和云计算平台等组成，负责传递和处理感知层获取的信息。应用层是物联网和用户（包括人、组织和其他系统）的接口，与行业需求结合，实现物联网的智能应用。

物联网是利用无所不在的网络技术建立起来的，是继计算机、互联网与移动通信网之后的又一次信息产业浪潮，是一个全新的技术领域。有专家预测随着物联网的大规模普及，这一技术将会发展成为一个上万亿元规模的高科技市场。

2.3.5 大数据

大数据是指无法在一定时间内用常规软件工具对其内容进行抓取、管理和处理的数据集合。它具有 4 个基本特征，一是数据体量巨大，二是数据类型多样，三是处理速度快，四是价值密度低及商业价值高。业界将这 4 个特征归纳为 4 个"V"，即 Volume（大量）、Variety（多样）、Velocity（高速）、Value（价值）。

大数据技术是指从各种各样的数据中，快速获得有价值的信息的能力。大数据技术的战略意义不在于掌握庞大的数据信息，而在于对这些含有意义的数据进行专业化处理。

大数据的分析方法在大数据领域尤为重要，可以说是决定最终信息 是否有价值的决定性因素。

思 考 题

1. 简述计算机系统的组成。
2. 简述冯·诺依曼计算机的 3 个特点。
3. 解释位、字节、字长的概念。

4. 请写出 B（字节）、KB（千字节）、MB、GB、TB 之间的换算关系。

5. 写出下列用原码或补码表示的机器数的真值。

（1）01101101　　（2）10001101　　（3）01011001　　（4）11001110

6. 填空题。

（1）$(1234)_{10}$ = （　　　　）$_2$ = （　　　　）$_{16}$

（2）$(34.6875)_{10}$ = （　　　　　　）$_2$ = （　　　　）$_{16}$

（3）$(271.33)_{10}$ = （　　　　　　）$_2$ = （　　　　）$_{16}$

（4）$(101011001001)_2$ = （　　　　　　）$_{10}$ = （　　　　　　　）$_{16}$

（5）$(1AB.E)_{16}$ = （　　　　　）$_{10}$ = （　　　　　　　）$_2$

（6）$(10101010.0111)_2$ = （　　　　　　）$_{10}$ = （　　　　　）$_{16}$

7. 已知 $X = 36$，$Y = -136$，$Z = -1250$，请写出 X、Y、Z 的 16 位原码、反码和补码。

8. 已知 $[X]_{补}$ = 01010101B，$[Y]_{补}$ = 10101010B，$[Z]_{补}$ = 1000111111111111B，求 X、Y、Z 及 $X + Y$、$Y-Z$ 的十进制值为多少？

9. 用 8 位补码进行下列运算，并说明运算结果的进位和溢出。

（1）33 + 114　　（2）33-114　　（3）（-33）+ 114　　（4）（-33）-114

10. 参考表 2-2，给 "hello" "1 + 2" 编码。

11. 已知 "啊" 的区位码是 1601，请写出它的国标码和机内码。

12. 上网搜素 "普适计算" "网格计算" "云计算" "大数据" "物联网" "智能家居"，并了解它们的发展动态。

第3章
基本算法设计方法

"程序"一词，从广义上讲可以认为是一种行动方案或工作步骤。在日常生活中，经常会碰到诸如某个会议的日程安排、手工小制作的说明书、一道菜的菜谱、一个项目的申报审批流程等程序。这些程序表示的都是在做一件事务时按时间的顺序应先做什么后做什么。所谓计算机程序，也是一种处理事务的时间顺序和操作步骤。由于组成计算机程序的基本单位是指令，所以计算机程序就是按照工作步骤事先编排好的、完成特定功能的指令序列。设计计算机程序的最基础、最核心的任务之一就是设计解决问题的算法。算法设计作为一门课程，研究的是设计算法的规律和方法。

本章首先介绍算法的概念和描述工具，进而用大量的实例详细讲解常用的基本算法设计方法，包括枚举法、迭代与递推法、递归法，以及最常见的一种数据结构——数组在算法设计中的应用，最后介绍了几种常用的优化算法的技巧。

3.1　算法基础知识

人们在解决一个问题时，总是按照具体的问题，根据不同的经验、现实条件和环境，而采用不同的方法。用计算机解决问题也是如此，也有很多不同的方法，但解决问题的过程所采用的基本步骤则是相同的，一般分成如下五个步骤。

1. 分析问题

分析问题的目的是要完整、准确地理解和描述问题，对问题所提供的全部信息（包括显式的和隐藏的信息）、约束条件、求解所需的中间结果和最终结果等进行充分地分析，力求全面准确理解和把握问题的真实要求。

2. 建立数学模型

基于对问题的分析，选择解决此问题的数学模型。同一个问题，用不同的数学工具可能建立起不同的数学模型。要对这些数学模型进行分析比较，从中选择出适合计算机解决问题的有效的数学模型。

3. 设计算法

算法是解决问题的方法和步骤。设计算法就是根据得到的数学模型，选择适当的数据结构，设计出解决此问题的一系列详细步骤，并选用一种算法描述方法将设计的算法表述出来。

4. 编写程序

程序是算法在计算机上的具体实现，编写程序就是用某种程序设计语言按照算法编写出完成规定功能的指令序列。在编写程序时，要结合具体算法、所采用的程序设计语言，综合考虑数据结构的实现、变量及其数据类型的选择、算法的分解及子算法的实现等因素，采用恰当的程序设计方法和设计风格，编写出结构清晰、易于阅读理解、运行效率高的程序。

5. 调试程序

在计算机上对编写的程序进行运行、测试和调试的目的是"找错"，即尽可能多的发现程序中的各种错误，进而改正之。程序测试方法主要有白盒测试和黑盒测试，而测试用例的选择是测试中最关键的内容。通常要选择若干组最具代表性的输入数据，使之对被测算法的所有语句、分支和路径都覆盖到，尤其应注意的是对数据的边界点进行测试。经过了测试和改正的算法（程序），就完成了对所提任务的实验验证，也就说明了此算法（程序）在较大程度上是可信的了。

经过上述步骤就编写出了解决问题的计算机程序，一般将上述过程总称为程序设计。

3.1.1　算法的概念

算法是解决问题的方法和步骤。一个算法是一个定义良好的计算过程，其取若干个或若干组值作为输入，并产生出一个或一组值作为输出。因此，算法就是一系列的计算步骤，用来将输入数据转换成输出结果。

算法是计算学科中最具方法论性质的核心概念，在整个计算机科学中占据极其重要的地位，被誉为计算学科的灵魂。计算机程序的本质就是一个算法，程序设计的核心任务之一就是设计算法，而算法设计的优劣决定着程序的性能。从程序设计的角度看，算法称得上是程序的灵魂。对算法进行研究能使我们更加深刻地理解问题的本质以及可能的求解技术。

1. 算法的基本特性

一个算法应具有下列基本特性。

（1）有穷性

一个算法包含的操作步骤应是有限的，即必须能在有限的时间内执行完毕。

（2）确定性

算法的每一步必须有确切的含义，而不能是含糊的、有歧义的。算法执行时，对于相同的输入仅有唯一的一条路径。需要注意的是，算法的这一性质反映了算法与数学公式的明显差别。有时，针对某种特殊问题，数学公式是正确的，但按此数学公式设计的计算过程可能会出现故障。这是因为根据数学公式设计的计算过程只考虑了正常使用情况，而当出现异常情况时，此计算过程就不能适应了。

（3）有零个或多个输入

在算法执行过程中，必须接收外界所提供的原始数据，算法中的量也要给定初始值。

（4）有一个或多个输出

算法应有最终运算结果，结果与输入之间存在某种特定关系。

（5）可行性

算法中的每一步都可以通过用已经实现的基本运算的有限次执行得以实现。

设计一个好的算法通常要达到以下要求。

（1）正确

算法的执行结果应当满足问题规定的功能要求。

（2）可读

算法应当思路清晰、层次分明、简单明了、易读易懂。

（3）健壮

当输入不合法数据时，算法应当能作适当处理，不至于引起严重后果。

（4）高效

算法应执行速度快、运行时间短、占用存储空间少，即有较高的时间和空间效率。

2. 算法的基本要素

一个算法通常由两种基本要素组成，一是对数据对象的运算和操作，二是算法的控制结构。

（1）算法中对数据的运算和操作

算法所表达的计算机系统中，一般包括如下 4 类基本运算和操作。

① 算术运算：主要有加（+）、减（-）、乘（*）、除（/）、整除（div）、取余（mod）等运算。

② 关系运算：主要有大于、大于等于、小于、小于等于、等于、不等于运算。

③ 逻辑运算：主要有 AND（逻辑与）、OR（逻辑或）、NOT（逻辑非）等运算。

④ 数据传输：主要包括赋值、输入、输出等操作。

（2）算法的控制结构

一个算法的功能不仅取决于所选用的运算和操作，而且还与各操作之间的执行顺序密切有关。显然，下述 3 个操作序列中含有的操作均相同，但由于操作的顺序不同，得到的结果也是完全不同的。序列一：①$x \leftarrow 3$　②$x \leftarrow x+1$　③$x \leftarrow x*2$　④输出 x 的值。序列二：①$x \leftarrow 3$　②$x \leftarrow x*2$　③$x \leftarrow x+1$　④输出 x 的值。序列三：①$x \leftarrow x+1$　②$x \leftarrow x*2$　③输出 x 的值　④$x \leftarrow 3$。

算法中各操作之间的执行顺序称为算法的控制结构。算法的控制结构给出了算法的基本框架，规定了算法中各操作的执行顺序，也直接反映了算法的设计是否符合结构化原则。一个符合结构化原则的算法中应该只出现顺序结构、选择结构、循环结构三种基本控制结构。所有算法都要严格限制 GOTO 语句的使用。

3. 算法的结构化设计方法

一个算法质量的优劣，首先取决于它的结构，其次才是它的速度、界面等其他特性。如果某项任务算法中所有模块都只使用顺序、选择和循环的基本结构，那么不管这个算法中包含多少个模块，它的结构仍然是清晰的。

结构化方法总的指导思想是"自顶向下、逐步求精"。它的基本原则是功能的分解与模块化。

所谓"自顶向下、逐步求精"是指解决问题的思维方式应遵从先全局后局部、先整体后细节、先抽象后具体的过程，即将复杂或规模较大的问题分解为若干个简单的、规模较小的问题，进而找出解决问题的关键和重点。在解决每一个具体的小问题时，也要按照先全局后局部、先整体后细节、先抽象后具体的方法，逐步地将解决问题的过程和步骤精细化，并在经过若干步精细化处理后，最后细化到可以用三种基本结构及基本操作去描述算法。

所谓"模块化"是指把一个功能复杂、规模较大的算法（程序）按照一定的原则分解为若干个功能较简单、结构相对独立又相互关联的小模块（函数）的方法。

3.1.2　算法的描述

经过问题分析、构建数学模型后，进入了算法设计阶段。在此阶段，设计出的算法要用某种方法描述出来。描述算法的方法有多种，常用的有以下几种。

1. 自然语言

自然语言是人们日常所用的语言，如汉语、英语、德语等。使用这些语言不用专门训练，所描述的算法也通俗易懂。然而，缺点也是明显的。由于自然语言的歧义性，容易导致算法执行的不确定性。同时，自然语言的语句一般较长，从而导致了用自然语言描述的算法太长。另外，由于自然语言表示的串行性，所以当一个算法中循环和分支较多时就很难清晰地表述。还有就是自然语言表述的算法不便于翻译成用计算机程序设计语言书写的程序。

2. 伪代码

伪代码是一种与程序设计语言相似但更简单易学的用以表达算法的语言。用程序表达算法的目的是在计算机上执行，而用伪代码表达算法的目的是给人看。

伪代码是一种介于自然语言和程序设计语言之间的代码，表述简洁、结构清晰、易于阅读。伪代码不拘泥于程序设计语言的具体语法和实现细节。程序设计语言中一些与表达算法关系不大的部分往往被伪代码省略了，如变量定义等。某些函数调用或处理简单任务的代码块在伪代码中往往用一句自然语言代替，并不给出具体实现过程，如"找出 3 个数中的最大数"。

由于伪代码在语法结构上的随意性，目前并不存在一个通用的伪代码语法标准。人们往往以某种高级程序设计语言为基础，经简化后进行伪代码的编写。这种编写出来的语言称为"类××语言"，如"类 C 语言""类 Pascal 语言"等。

3. 流程图

流程图是描述算法的常用工具，采用美国国家标准化协会（American National Standard Institute，ANSI）规定的一组图形符号来表述算法。常用的流程图符号如图 3-1 所示。

起止框　　输入输出框　　判断框　　处理框　　流程线　　准备框　　连接点

图 3-1　常用的流程图符号

用流程图表示的三种基本结构如图 3-2 ～ 图 3-6 所示。

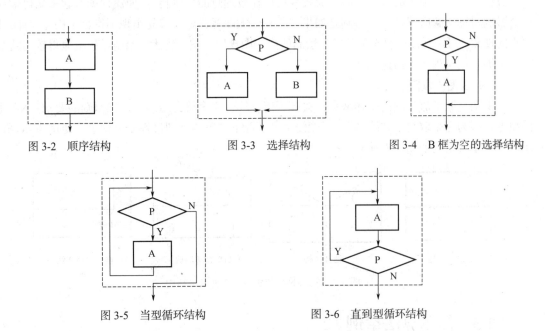

图 3-2　顺序结构　　　　　图 3-3　选择结构　　　　　图 3-4　B 框为空的选择结构

图 3-5　当型循环结构　　　　　图 3-6　直到型循环结构

① 顺序结构：A、B 两框是自上而下顺序执行的，即执行完 A 后再执行 B。为简单起见，本书中允许在一个功能框中书写多项操作，但它们的操作顺序是无关或不重要的。如果两个操作的

顺序是有关联的,就一定要分成两框并绘成顺序结构。

② 选择结构:也称为分支结构。此结构中必有一个判断框,内写判断条件。根据判断条件是否成立(Yes/Y、No/N)而选择执行 A 框或 B 框。无论条件成立与否,只能执行且必须执行 A 框或 B 框之一。若两框中有一框为空,其流程图的绘制形式可以变化(如图 3-4 所示),但程序仍然是按两个分支方向运行的。

③ 循环结构:循环结构分为两种,一种是当型循环;另一种是直到型循环。当型循环要先判断条件 P 是否成立,若成立则执行 A 操作(称为循环体),之后返回去重复执行判断条件——执行循环体的过程,直至当判断条件 P 不成立时才终止循环。因此,当型循环的循环体有可能一次也不执行。直到型循环是先执行称为循环体的 A 操作,然后才判断条件 P,若成立则返回去重复进行执行循环体——判断条件的过程,直至当判断条件 P 不成立时才终止循环。因此,直到型循环的循环体至少要执行一次。

读者要特别注意选择结构与循环结构的区别,虽然两者都有一个菱形的判断框,但循环结构中有"转回"到前面的流程线,表示流程要"返回去重复执行",选择结构中就没有这种"转回"的流程线。

上述三种基本结构具有以下共同特点:只有一个入口,只有一个出口,结构中每一框都有被执行的机会,结构中不能有"死循环"。

流程图可以很方便地表示顺序、选择和循环结构,而任何算法的逻辑结构都可以用顺序、选择和循环结构来表示,因此流程图可以表述任何算法结构。

用流程图表示的算法不依赖于任何具体的计算机和计算机程序设计语言,从而有利于不同环境的程序设计。由于流程图直观、简单,就算法的描述而言,它优于其他描述方法。因此,本书就采用流程图来表述算法。

流程图有一个极大的缺点。由于流程线可以比较随意的"跳转",使流程图看起来显得杂乱,也会影响对算法的阅读理解,特别是如果"跳转"太随意,就很容易出现不符合结构化设计原则要求的现象,对于功能较复杂的算法,绘制的流程图规模也偏于庞大,绘制过程也显得较为繁杂。

本书采用流程图来描述算法。

4. N–S 图(盒图)

N-S 图克服了流程图的上述缺点,去掉了流程线,完全符合结构化设计原则的要求。N-S 图的缺点是因为完全取消了"跳转",可能使某种情况下简单的处理过程复杂化了。使用 N-S 图表示的 3 种基本结构如图 3-7 所示。

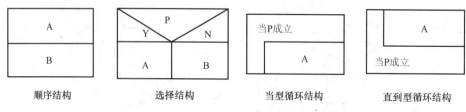

顺序结构　　　　　选择结构　　　　当型循环结构　　　直到型循环结构

图 3-7　使用 N-S 图表示的 3 种基本结构

3.1.3　简单算法举例

本节讲述几个最简单的 3 种基本结构示例。希望通过对这些示例的学习,学生能够逐步掌握用流程图描述算法的方法。

例 3.1　输入圆的半径，计算并输出其周长和面积。

【题目分析】与数学中解决问题相似，算法中也需要设定一些变量来表达题目中的数据对象和对象之间的运算关系。本例中需要设定表示圆的半径、周长和面积的三个变量。变量名一般采用与其实际含义相同的英文单词或其缩写形式、汉语拼音等有意义的符号串表示。本例中半径（radius）、周长（circumference）、面积（area）的变量名分别为 r、c、a，它们的关系为 $c = 2\pi r$，$a = \pi r^2$。题目描述中提到"输入"，是指从外部向算法中的某个变量或某些变量"送入"它的值，常见的是从键盘"输入"变量的值。"输出"则是指将算法中某些量的值"送出"到外部，常见的是"输出"显示到显示器上。

【算法设计】此例算法非常简单，只需使用很少几个操作框按顺序排列出来即可。按照操作顺序应该是首先使用"输入框"输入圆的半径值给 r，然后使用"处理框"计算其周长和面积，最后使用"输出框"输出所求结果。算法流程图如图 3-8（a）所示。

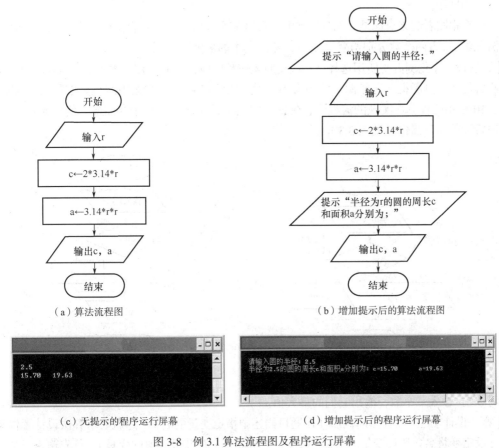

（a）算法流程图　　　　　　　　（b）增加提示后的算法流程图

（c）无提示的程序运行屏幕　　　　　　（d）增加提示后的程序运行屏幕

图 3-8　例 3.1 算法流程图及程序运行屏幕

需要注意的是，在输入之前，通常应对输入项的意义、个数、类型、输入值的范围、输入格式等约束条件或具体要求给出提示，以便程序运行时操作员能够按提示输入正确的数据。在输出结果前，通常要对输出项的意义、格式等进行说明，以便于人们对输出结果进行阅读、理解和分析。例如，在本例中，在"输入 r"框前可增加一个输出框"请输入圆的半径："，以此来提醒操作员现在计算机正在等待输入圆的半径值，当然也隐含着提示输入的值应是非负数。在"输出 c，a"框前，可增加一个输出框"半径为××的圆的周长和面积为："，以提示人们紧随其后的输出值是圆的周长和面积。增加了输入输出提示的流程图见图 3-8（b），程序运行时屏幕效果对比如图 3-8（c）和图 3-8（d）所示。很明显，图（c）中的数据不容易让人看懂，特别是如果程序的输入输出数据较多时，更容易使人不知所云。图 3-8（d）由于增加了提示说明，让人一目了然，很容易读懂各个数据的意义。

实际绘制算法流程图时，输入输出提示一般不在流程图中明显画出，但当根据算法具体编制程序时，编码员应在程序代码中根据输入输出情况增加具体的提示和说明。

另外，对输入数据进行容错处理也是一项非常重要的内容，是算法健壮性的重要方面。对输入数据的容错处理，是指需要对输入的数据是否符合题意要求进行判断，如果发现其不符合要求就要进行特殊处理（通常是给出提示后要求重新输入或直接退出程序），以使算法不至于得到错误结果、发生死机甚至出现破坏性后果等严重情况。如本例中，在输入框后可增加判断 $r<0$，若条件符合，则应给出"圆的半径不能小于 0，输入错误！"的提示，然后转到算法结束，否则继续算法的下一步操作。

为使流程图看起来更简洁，本书举例中均省略了输入输出提示和容错处理内容，请读者注意。

例 3.2　输入两个数分别给变量 x、y，输出其中的最大数。

【算法设计】此例需要使用选择结构，按照操作顺序应该首先使用"输入框"输入两个变量的值，然后使用"判断框"比较两个值的大小，根据比较结果使用"输出框"输出最大值。图 3-9 和图 3-10 是用两种算法实现的流程图，在图 3-10 的算法中增加了一个存储最大值的变量 z，其可以参加后续的运算操作（见例 3.3）。

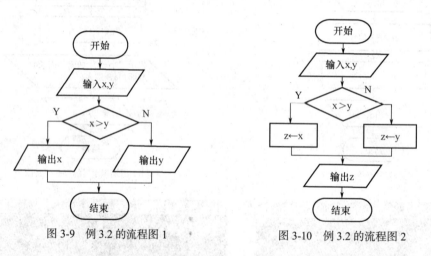

图 3-9　例 3.2 的流程图 1　　　　　　图 3-10　例 3.2 的流程图 2

例 3.3　输入三个数，输出它们的最大值。

【算法设计】此例没有像前例那样在题目描述中指定变量的名称，这就要求算法设计者根据需要自行设定变量名。假设变量名为 x、y、z，再增加一个存储最大值的变量 t。首先输入三个变量的值，然后将 x、y 中的最大值赋予 t，再用 z 与 t 比较，将它们的最大值仍存于 t，最后输出最大值 t。算法流程图如图 3-11 所示。

例 3.4　设计计算如下分段函数的算法。

$$y=\begin{cases} x+1 & x<0 \\ 3x-2 & 0\leqslant x\leqslant 9 \\ x+8 & x>9 \end{cases}$$

【算法设计】流程图见图 3-12。这是一个选择结构嵌套选择结构的算法。大家知道，如果条件 x<0 不成立，则必有 x≥0，因此该分支的下一个判断条件 0≤x≤9，x≥0 是必然成立的，不需再判断，仅需判断 x≤9 即可。

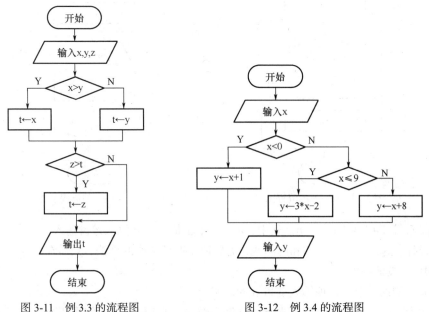

图 3-11　例 3.3 的流程图　　　　图 3-12　例 3.4 的流程图

实际上，在嵌套的两个选择结构中，判断条件的次序可以自由选择，当然这也需要修改相应的分支操作内容。请读者自己试改之。

特别需要指出的是，对此类问题，一定要仔细观察各分段（即自变量 x 的值）的衔接情况，以及是否完全覆盖了它的数轴，因为这将导致处理算法的不同。

例 3.5　输出显示 1～100。

【算法设计】算法流程图如图 3-13 所示。这是一个最简单、最典型的循环结构算法。循环结构算法一般应包括下述四部分。

（1）循环初始化

对循环中参加运算操作的各个变量赋予初始值，特别要注意对循环控制变量设置初值，如本例中 n←1。

（2）循环控制条件的设置

设置控制循环是否重复执行的条件，该条件表达式中的变量称为循环控制变量。循环控制条件常常设置为判断循环控制变量是否满足某条件，如果满足则重复执行循环体，否则终止并退出循环。在本例中循环控制条件是 n≤100，循环控制变量为 n。

（3）循环体

循环体是循环重复执行的主体，由一个或多个操作框构成。循环体中的一系列操作是为了完成题目要求的主体运算处理功能。本例中循环体只有一个操作，即"输出 n"。

（4）循环控制变量的修改

修改循环控制变量的值，以便能够重复执行循环体，直到在完成题目规定的操作功能后使循环控制条件不再成立，再结束并退出循环的执行。本例中通过将 n 的值逐次递增 1（即 n←n+1）来达到控制循环重复执行 100 次的目的。

此题目的算法也可以采用直到型循环结构，如图 3-14 所示。

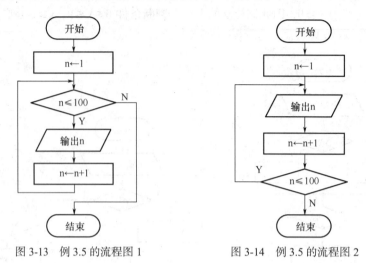

图 3-13　例 3.5 的流程图 1　　　　　图 3-14　例 3.5 的流程图 2

例 3.6　计算 $1+2+3+\cdots+n$，其中，n 是一个正整数，其值从键盘输入。

【算法设计】这是一个求累加和的问题，需要使用循环结构的算法，只需在例 3.5 算法基础上稍加修改即可，具体如下。

① 首先要增加一个操作框输入变量 n 的值。

② 其次由于变量名 n 已用作了求和的终值，循环控制变量名就不能再用 n 了，需要换成一个其他变量如 i，同时循环控制条件应改为 i≤n，原算法中其他设计到循环控制变量名 n 的操作也要修改为 i。

③ 再次，循环体中不需输出 n，而是要完成求累加和的工作，需要增设一个存储累加和的变量 sum，其初值应为 0，以后在重复执行的循环体中逐次将 i 的值（依次为 1、2、3、4…n）累加到 sum 中。算法流程图如图 3-15 所示。

例 3.7　求键盘输入的 10 个数据的和。

【算法设计】此题目仍是求累加和的问题，仍然是在已有算法（例 3.6）的基础上加以修改，具体如下。

① 因为需要键盘输入数据的数量确定为 10 个，所以要将"输入 n"操作框删去，同时将循环结构中循环控制条件由 i≤n 改为 i≤10，即使循环次数固定为 10 次。

② 在循环体中，不再是将 i 累加到 sum 中，而是需要将键盘输入的数据累加到 sum 中，因此需要在循环体中增加一个输入数据的输入框，并将输入数据累加 sum 中。

③ 此题目只要求求出累加和，对输入的 10 个数据并不要求保存起来，因此在循环体中，每次都把键盘输入的数据赋予同一个变量 x 即可（即输入框"输入 x"）。这样就将 sum←sum+i 改为 sum←sum+x。算法流程图如图 3-16 所示。

例 3.8　求键盘输入的 10 个数据中的最大值。

【算法设计】①显然此题目需要使用循环结构实现，表面上看循环次数是 10 次。②与例 3.7 相似，此题目也不要求保存输入的 10 个数据，因此在循环体中，也是每次都把键盘输入的数据赋予同一个变量 x。③需要设置一个存储最大值的变量 max，每当在循环体中输入一个数据给 x 后，就将其与 max 作比较，并将它们中的大值存入 max，因此 max 总是为当前已输入数据中的最大值。当 10 个数据都输入之后，max 中存放的就是所有这 10 个数据的最大值了。④当输入第一个数后，是不能立即与 max 进行比较的，因为这时 max 还没有值。实际上，按照③中的做法，max 总是为当前已输入数据中的最大值，那么在输入第一个数后，max 的值就应该是此第一个数的值，即要将输入的第一个数赋予 max。⑤除了对输入的第一个数采用上述特殊处理方法外，其余 9 个输入值都可以按前述的循环方式处理，因此实际控制的循环次数不是 10 次而是 9 次，算法中采用使循环控制变量 i 的值从 2 逐次递增到 10 的方法实现。算法流程图如图 3-17 所示。

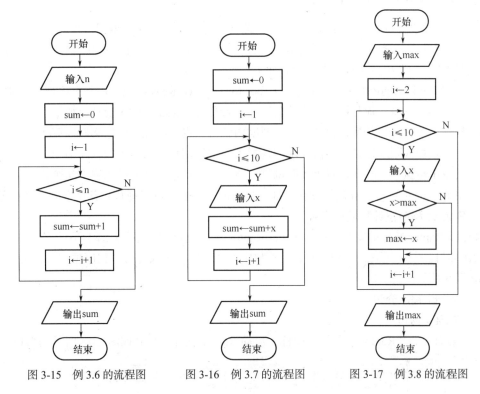

图 3-15　例 3.6 的流程图　　　图 3-16　例 3.7 的流程图　　　图 3-17　例 3.8 的流程图

【思考题 1】如果题目要求对键盘输入的 10 个数据，既求它们的和也求它们的最大值，算法如何修改？注意不能简单地将例 3.7 与例 3.8 两个算法串在一起，因为这 10 个数据只能输入一遍，不允许再重复输入一遍。

【思考题 2】如果题目要求改为求最小值，算法如何修改？如果题目要求改为既求最大值，同时也求最小值，算法又该如何修改？注意这 10 个数据也不允许再重复输入一遍。

上述介绍了一些简单问题的算法设计，它们是最基础的算法，很多复杂问题可以在它们的基础上进行修改完善而得到解决，正如例 3.6 和例 3.7 的算法就是对其前一个例子做了一些修改后得到的。希望大家学习中能够举一反三，对解决复杂问题有所帮助。

3.2　Raptor 流程图编程

可视化计算是利用可视化计算环境，实现程序和算法的设计、测试和结果呈现，包括程序和算法的设计过程可视化、运行过程可视化、问题和求解结果的可视化。

Raptor 是一种可视化的程序设计环境，为程序和算法设计的基础课程的教学提供实验环境。在 Raptor 中用连接基本流程图的符号来创建算法，然后调试和运行算法，包括单步执行或连续执行的模式。该环境可以直观地显示当前执行符号所在的位置，以及所有变量的内容。使用 Raptor 设计的程序和算法可以直接转换成为 C＋＋、C#、Java 等高级程序语言程序。这就为程序和算法的初学者铺就了一条平缓、自然的学习阶梯。Raptor 作为一种可视化程序设计的软件环境，已经为卡内基·梅隆大学等世界上 22 个以上的国家和地区的高等院校所使用。

3.2.1 Raptor 简介

可视化程序设计以"所见即所得"的编程思想为原则，力图实现编程过程的可视化。一般可视化程序主要是指编译环境的可视化，程序设计人员利用开发环境本身提供各种可视化的控件、方法和属性等，构造出应用程序的各种界面。

Raptor（Rapid Algorithmic Prototyping Tool for Ordered Reasoning，用于有序推理的快速算法原型工具），是一种基于流程图的可视化的程序设计环境。Raptor 的主要特点如下。

- 规则简单，容易掌握，使初学者短时间内就可以进入问题求解的实质性算法学习阶段。
- 可以在最大限度地减少语法要求的情形下，帮助用户编写正确的程序指令。
- 具备单步执行、断点设置等重要调试手段，便于快速发现问题和解决问题。
- 用 Raptor 可以进行算法设计和验证，从而使初学者有可能理解和真正掌握"计算思维"。

1. Raptor 程序设计环境的安装

汉化版 Raptor 软件的安装程序为 Setup-Raptor.exe，运行此程序并选择合适的安装目录，根据提示操作即可。安装完成后，在"开始"菜单中生成"Raptor 汉化版"程序项，并在桌面上生成"Raptor 汉化版"图标。

2. Raptor 程序介绍

（1）Raptor 窗口

双击桌面上的"Raptor 汉化版"图标，启动 Raptor 软件，打开如图 3-18 所示的窗口。

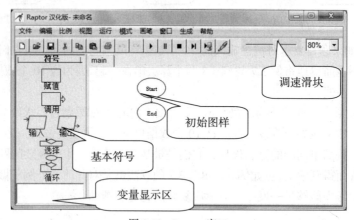

图 3-18　Raptor 窗口

在 Raptor 窗口左窗格中单击一个符号，在右窗格主窗口的流程线上某处单击，就可在此位置添加符号。在流程图的某符号上单击可以选中此符号，双击可以对其进行设置，按【Delete】键可以删除此符号。流程图制作完成后保存文件；然后按【F5】键可运行流程图，按【F10】键单步执行，在主控台窗口显示运行结果。

（2）Raptor 基本符号

Raptor 程序是一组连接的符号，表示要执行的一系列动作。符号间的连接箭头确定所有操作的执行顺序。Raptor 程序执行时，从开始（Start）符号起步，并按照箭头所指方向执行程序，直到执行到结束（End）符号时停止。Raptor 程序的初始状态只有开始符号和结束符号。在开始和结束符号之间插入一系列 Raptor 符号，就可以创建有意义的 Raptor 程序了。由于 Raptor 符号与程序设计语言中的语句所起的作用相对应，因此，在后续的描述中，使用"语句"或"指令"来描述这些符号。

一个程序通常由两个要素组成，即对数据对象的运算和操作及程序的控制结构。程序的控制结构是指程序中各操作之间的操作顺序和结构关系。一个程序可以用顺序、选择和循环 3 种基本结构组合而成。

Raptor 有 6 种符号，每个符号代表一个独特的指令类型，6 种符号分别为赋值、调用、输入、输出、选择和循环。根据程序的构成要素，Raptor 中的符号分为两类。第一类表示对数据对象运算和操作的符号，称为基本符号。它们是赋值符号、调用符号、输入符号和输出符号。第二类表示控制结构的符号，它们是选择符号和循环符号。

Raptor 符号的功能说明如表 3-1 所示。

表 3-1　　　　　　　　　　Raptor 符号的功能说明

目 的	符 号	名 称	功 能 说 明
输入		输入语句	用户输入数据，将数据的值赋给变量
赋值		赋值语句	给变量赋值
调用		过程调用	执行一个过程，该过程包含多个语句
输出		输出语句	显示变量的值，也可将变量的值保存到文件中
选择		选择语句	根据给定条件执行某分支
循环		循环语句	当循环条件为假，执行循环体语句；当循环条件为真，退出循环

由于 Raptor 设计考虑了程序设计初学者的因素，一些特殊设计与传统的流程图有差异。Raptor 使用的流程图符号较规范中的少且有差异。需要注意的是，Raptor 流程图中循环条件出口两个方向（Yes／No）与传统流程图相反。在 Raptor 流程图中当循环条件为假时，执行循环体语句；而当循环条件为真时，退出循环。

（3）基本概念

① 变量

在程序运行过程中其值可以改变的量称为变量。变量具有数据类型、变量名和变量值三个属性。变量用于存储数据，程序运行中其值可以被改变。每个变量都必须有一个名字，即变量名。程序中定义一个变量，即表示在内存中拥有了一个可供使用的存储单元，用来存放数据，即变量的值。而变量名则是编程者给该存储单元所起的名称。程序运行过程中，变量的值存储在内存中。从变量中取值，实际上是根据变量名找到相应的内存地址，进而从该存储单元中读取数据。在定义变量时，变量的类型必须与其被存储的数据类型相匹配，以保证程序中变量能够被正确使用。

变量名的命名必须遵循命名规则，即由字母、数字、下划线三种字符组成，并且第一个字符必须为字母，例如 sum、day、li_ming 都是合法的变量名。

变量名命名时，应注意做到"见名知义"。通常选择能表示数据含义的英文单词或缩写作为变量名，以提高程序的可读性，例如，name 表示姓名，sex 表示性别，age 表示年龄。变量名不允许用关键字。

变量的初值决定了该变量的数据类型，可以是实数，如 25、3.8、−7.2；可以是字符串，即用双引号括起来的一串字符，如输入"China""Hello"；也可以是字符，即用单引号括起来的一个字符，如'A''？'。

② 常量

常量是在程序运行过程中其值不能被改变的量。Raptor 定义了以下常量：pi（圆周率）定义为 3.1416，e（自然对数的底）定义为 2.7183，true／yes（布尔值：真）定义为 1，false／no（布尔值：假）定义为 0。

③ 数组

数组是有序数据的集合，每个数组都要有名字，如 a、b 等，称为数组名。数组中数据的个数可根据需要确定。a[1]，a[2] ……称为数组元素。在 Raptor 中规定，下标从 1 开始。

在 Raptor 中，数组分为一维数组和二维数组，通过输入语句和赋值语句给数组元素赋值，数组的大小由赋值语句中给定的最大元素的下标确定。例如，第一次给数组赋值 a[6]←5，则一维数组的大小为 6，其他数组元素的值初始化为 0，如图 3-19 所示。

a[1]	a[2]	a[3]	a[4]	a[5]	a[6]
0	0	0	0	0	5

图 3-19　第一次给数组 a 赋值的结果

第二次再给数组 a 赋值 a[10]←8，则一维数组的大小变为 10，数组元素的值如图 3-20 所示。

a[1]	a[2]	a[3]	a[4]	a[5]	a[6]	a[7]	a[8]	a[9]	a[10]
0	0	0	0	0	5	0	0	0	8

图 3-20　第二次给数组 a 赋值的结果

在 Raptor 中，一维数组可以在算法运行中动态增加数组元素。

二维数组由两个维度组成，数组的两个维度的大小由最大的下标决定。例如，赋值 b[3，4]←15，则数组中各元素初始化结果如图 3-21 所示。

	1	2	3	4
1	0	0	0	0
2	0	0	0、	0
3	0	0	0	15

图 3-21　二维数组的创建和初始化

Raptor 的数组非常灵活，并不强制每个数组元素具有相同的数据类型。

（4）运算符和表达式

运算是对数据进行加工的过程，描述各种操作的符号称为运算符。运算符如表 3-2 所示。

表 3-2　　　　　　　　　　　　　　　运算符

类　　别	运　算　符
算术运算符	+　－　*　/　^或**　mod 或 rem
关系运算符	>　>=　<　<=　=　!=或/=
逻辑运算符	and　or　xor　not

① 算术运算符和算术表达式

Raptor 中有 6 种基本的算术运算符。

- +：加法或正值运算符。例如 3+5 和+3。
- －：减法或负值运算符。例如 5-2 和-3。
- *：乘法运算符。例如 3*5。
- /：除法运算符。例如 1/2 的运算结果为 0.5。
- ^ 或**：幂运算符。例如 2^3=2*2*2=8，5**3=125。
- mod 或 rem：求余运算符。运算结果是两个数相除后的余数。例如，9 mod 2=1，16 rem 2=0，9.5 mod 3=0.5，-10 rem 3=-1，-10 mod 3=2，10 rem -3=1，10 mod -3=-2。

算术表达式是用算术运算符和括号将运算对象连接起来的式子。运算对象包括常量、变量、函数等，例如 a*b/c-6.7。

② 关系运算符和关系表达式

"关系运算"就是"比较运算"，即将两个数据进行比较，判断两个数据是否满足指定的关系。有 6 种关系运算符，它们分别是<（小于）、<=（小于或等于）、>（大于）、>=（大于或等于）、=（等于）、!=或/=（不等于）。

用关系运算符连接起来的表达式称为关系表达式。关系运算符是对两个相同的数据类型值进行比较。关系表达式的一般形式：<表达式>关系运算符<表达式>。

关系表达式的结果值是一个逻辑值。关系表达式成立时，值为"真"，否则，值为"假"。例如，5<=10 结果为真，6!=8 结果为真，而 9=8 结果为假。

③ 逻辑运算符和逻辑表达式

关系表达式只能描述单一条件，例如"$y>=0$"。如果需要描述"$y>=0$"同时"$y<=9$"，就要借助于逻辑表达式了。目前存在 4 种逻辑运算符，它们是 and（与）、or（或）、not（非）、xor（异或）。

用逻辑运算符将关系表达式或逻辑量连接起来的式子，称为逻辑表达式。例如 y>＝0 and y<＝9 表示数学不等式 $0 \leq y \leq 9$。

逻辑表达式的结果值是一个逻辑值，即"真"和"假"。逻辑运算的真值表如表 3-3 所示。

表 3-3 逻辑运算的真值表

a	b	not a	not b	a and b	a or b	a xor b
真	真	假	假	真	真	假
真	假	假	真	假	真	真
假	真	真	假	假	真	真
假	假	真	真	假	假	假

4 种逻辑运算符的运算规则如下。

- and：只有两个运算量的值都为"真"时，运算结果为真，否则为假。
- or：只有两个运算量的值都为"假"时，运算结果为假，否则为真。
- not：当运算量的值为"真"时，运算结果为假；当运算量的值为"假"时，运算结果为真。
- xor：只有两个运算量的值真假不同时，运算结果为真，否则为假。

例如，y＝6，则（y>＝0）and（y<＝9）的值为"真"，（y<0）or（y>9）的值为"假"。

在 Raptor 编程中，表达式经常用运算符和函数。运算符和函数按优先级执行，优先级为函数、括号、幂运算、乘法和除法、加法和减法、关系运算符、逻辑非 not、逻辑与 and、逻辑异或 xor、逻辑或 or。函数如表 3-4 所示。

表 3-4 函数

类　别	函　数	功　能	举　例
数学运算函数	sqrt	求平方根	sqrt（16）= 4
	abs	求绝对值	abs（-5）= 5
	log	求对数	log（e）= 1
	ceiling	向上取整	ceiling（15.9）= 16 ceiling（3.1）= 4 ceiling（-4.1）= -4
	floor	向下取整	floor（15.9）= 15 floor（3.1）= 3 floor（-4.1）= -5
三角函数	sin	正弦	sin（pi/2）= 1
	cos	余弦	cos（pi/2）= 0
	tan	正切	tan（pi/6）= 0.5774
	cot	余切	cot（pi/6）= 1.7321
	arcsin	反正弦	arcsin（1）= 1.5708
	arccos	反余弦	arccos（0）= 1.5708
	arctan	反正切	arctan（5，2）= 1.1903
	arccot	反余切	arccot（5，2）= 0.3805

续表

类　　别	函　　数	功　　能	举　　例
其他	random	生成一个 0～1 之间的随机数	random*10 = 0 ～ 9.9999
	length_of	对于数组，返回数组元素的个数；对于字符串，返回字符个数	a←"xyz" length_of（a）= 3 length_of（"hell"）= 4 b[5]←3 length_of（b）= 5

3.2.2　输入语句

输入和输出是程序设计的基础，计算机处理的数据通过键盘输入，运行结果通过屏幕显示出来。

在 Raptor 窗口的左窗格中单击"输入"符号，然后在初始流程图的连线上单击，则输入框被放入到 Start 和 End 框之间。双击"输入"框，弹出"输入"对话框，在"输入提示"文本框中输入"Please enter the value of a"，在"输入变量"文本框中输入变量名 a，如图 3-22 所示，单击"完成"按钮，即完成输入语句的编写。

在流程图中显示的输入语句如图 3-23 所示。

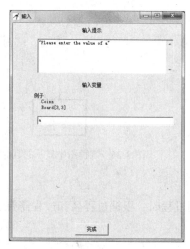

图 3-22　输入对话框

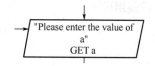

图 3-23　流程图中显示的输入语句

运行时执行输入语句，出现输入对话框如图 3-24 所示。

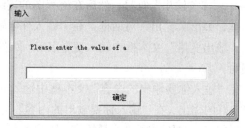

图 3-24　运行时出现输入对话框

3.2.3　处理语句

处理语句有赋值语句和过程调用语句。赋值语句用来给变量赋值，过程调用语句实现调用函数。

1. 赋值语句

赋值语句在程序设计中应用十分普遍，通常使用赋值语句给变量赋值以及进行计算。

在 Raptor 窗口的左窗格中单击"赋值"符号，在流程线上单击，则插入"赋值"框。双击"赋值"框，则弹出"Assignment"（赋值）对话框，如图 3-25 所示。

Set 部分为接受赋值的变量或数组元素。To 部分为表达式。在 Set 文本框中输入 a，在 to 文本框中输入 5，单击"完成"按钮。

在流程图中显示的赋值语句如图 3-26 所示。

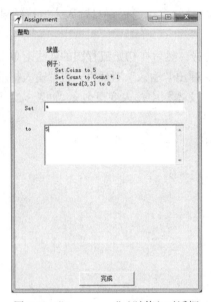

图 3-25　"Assignment"（赋值）对话框

图 3-26　流程图中显示的赋值语句

2. 过程调用语句

在 Raptor 中，过程有函数、子图和子程序。调用过程时，根据过程名和过程需要的参数可进行调用。

3.2.4　输出语句

执行输出语句将在主控台窗口显示输出结果，输出的结果可以选择使用或不使用换行操作。

在 Raptor 窗口的左窗格中单击"输出"符号，然后在流程图的连线上单击，则输出框被放入到流程图中。双击"输出"框，弹出"输出"对话框，在"输入你要输出的内容"文本框中输入"The value of a is"＋a，在"输出变量"文本框中输入变量名 a，如图 3-27 所示，单击"完成"按钮，即完成输出语句的编写。

输出语句的设计技巧：在"输入你要输出的内容"文本框中输入 a，输出 a 的值 5，属于非用户友好的输出。要实现用户友好的输出，在"输入你要输出的内容"文本框中输入字符串＋变量，要输出的字符串必须用双引号括起来。要输出两个变量的值，则输入字符串 1＋变量 1＋字符串 2＋

变量 2，以此类推。

在流程图中显示的输出语句如图 3-28 所示。

图 3-27　输出对话框

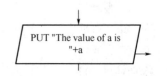

图 3-28　流程图中显示的输出语句

运行时执行输出语句，在"主控台"窗口显示运行结果如图 3-29 所示。

图 3-29　运行时"主控台"窗口显示运行结果

在 Raptor 流程图中可以输入注释信息，注释不会被执行，注释的目的是增强程序的可读性，帮助他人理解程序或算法。在 Raptor 流程图中右击某符号框，在弹出的快捷菜单中单击"注释"命令，在注释框中输入注释信息。

3.2.5　Raptor 应用基础

结构化程序设计是一种面向过程的程序设计的具体实现，基本思想是把一个复杂的求解过程分阶段进行，把每个阶段处理的问题都限制在人们容易理解和处理的范围内，具体方法是"自顶向下，逐步细化，模块化设计，结构化编码"。按照先全局后局部、先整体后细节、先抽象后具体的过程，组织人们的思维活动，从最能反映问题体系结构的概念出发，逐步细化，直到设计出程序。结构化程序设计方法的 3 种基本结构为顺序结构、选择结构和循环结构。

1. 顺序结构

顺序结构是程序中的各项操作按顺序自上而下逐一执行。顺序结构程序就是从第一条语句到最后一条语句按照位置的先后次序顺序执行。执行过程为：执行语句 1，然后执行语句 2，依此类推。顺序结构流程图如图 3-30 所示。

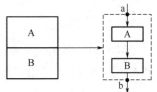

图 3-30　顺序结构流程图

例 3.9 用 Raptor 流程图编程，从键盘输入半径的值，计算圆的周长和面积。

操作步骤如下。

（1）双击桌面上的"Raptor 汉化版"图标，启动 Raptor 软件，打开如图 3-18 所示的窗口。

（2）在 Raptor 窗口的左窗格中单击"输入"符号，然后在初始流程图的连线上单击，则输入框被放入到 Start 和 End 框之间。

（3）双击"输入"框，则弹出"输入"对话框，在"输入提示"文本框中输入："Please enter the value of r"（注：此框只能用英文的双引号和英文字符），在"输入变量"文本框中输入变量名 r，单击"完成"按钮，即完成输入语句的编写。

（4）选择左窗格的"赋值"符号，然后在"输入"框下方的流程线上单击，则插入"赋值"框。

（5）双击"赋值"框，则弹出"Assignment"（赋值）对话框，在 Set 文本框中输入 length，在 to 文本框中输入 2*pi*r，单击"完成"按钮。

（6）添加计算圆面积的"赋值"框，并在其编辑对话框中的 Set 部分输入 area，在 to 部分输入 pi*r*r。

（7）在流程图上添加"输出"框，并在其编辑对话框中的"输入你要输出的内容"文本框中输入"length is "+length。

（8）在流程图上继续添加"输出"框，并在其编辑对话框中的"输入你要输出的内容"文本框中输入"area is "+area。

（9）保存此流程图，文件名为"顺序结构 1.rap"。

最后完成的流程图如图 3-31 所示。

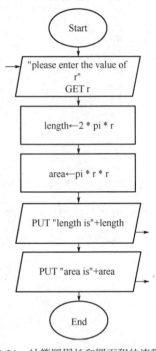

图 3-31　计算圆周长和圆面积的流程图

在 Raptor 窗口中选择"运行"菜单项中的"运行"命令或工具栏中的"运行"按钮，则执行该程序。在执行到"输入语句"时，弹出"输入"对话框，输入半径值为 3，则程序继续执行，可以看到当前被执行的语句高亮显示，而且程序中所有变量的值都在变量显示区显示出来了。程序运行结束时会提示流程图运行完毕。在"主控台"窗口中显示运行结果，如图 3-32 所示。

图 3-32　"主控台"窗口显示运行结果

例 3.10 用 Raptor 流程图编程，从键盘输入任意一个三角形的三条边长 a、b、c，利用海伦公式计算并输出该三角形的面积。

海伦公式如下。

半周长 $s = (a + b + c) / 2$

面积 $area = \sqrt{s(s-a)\ (s-b)\ (s-c)}$

（1）双击桌面上的"Raptor 汉化版"图标，启动 Raptor 软件，打开如图 3-18 所示的窗口。

（2）在 Raptor 窗口的左窗格中单击"输入"符号，然后在初始流程图的连线上单击，则输入框被放入到 Start 和 End 框之间。双击"输入"框，弹出"输入"对话框，在"输入提示"文本框中输入"Please enter the value of a"，在"输入变量"文本框中输入变量名 a，单击"完成"按钮，即完成输入语句的编写。

（3）在 Raptor 窗口的左窗格中单击"输入"符号，然后在初始流程图的连线上单击，则输入框被放入到 Start 和 End 框之间。双击"输入"框，弹出"输入"对话框，在"输入提示"文本框中输入"Please enter the value of b"，在"输入变量"文本框中输入变量名 b，单击"完成"按钮，即完成输入语句的编写。

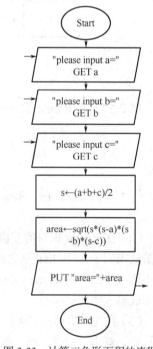

（4）在 Raptor 窗口的左窗格中单击"输入"符号，然后在初始流程图的连线上单击，则输入框被放入到 Start 和 End 框之间。双击"输入"框，弹出"输入"对话框，在"输入提示"文本框中输入"Please enter the value of c"，在"输入变量"文本框中输入变量名 c，单击"完成"按钮，即完成输入语句的编写。

（5）选择左窗格的"赋值"符号，然后在"输入"框下方的流程线上单击，则插入"赋值"框。双击"赋值"框，则弹出"Assignment"（赋值）对话框，在 Set 文本框中输入 s，在 to 文本框中输入（a + b + c）/2，单击"完成"按钮。

（6）添加计算圆面积的"赋值"框，并在其编辑对话框中的 Set 部分输入 area，在 to 部分输入 sqrt（s*（s-a）*（s-b））。

（7）在流程图上添加"输出"框，并在其编辑对话框中的"输入你要输出的内容"文本框中输入"area = " + area。

（8）保存此流程图，文件名为"顺序结构 2.rap"。

最后完成的流程图如图 3-33 所示。

图 3-33　计算三角形面积的流程图

（9）分别选择正常执行、调整至不同的执行速度后正常执行、单步执行 Raptor 流程图，例如三角形的三条边长分别为 3、4、5 时，运行结果如图 3-34 所示。

图 3-34　执行计算三角形面积 Raptor 流程图的结果

在执行 Raptor 程序的过程中，用户可以选择通过单步执行程序，或连续执行。可以通过工具栏上的速度滑块改变执行速度。在执行过程中，目前正在执行的符号显示为绿色，同时所有变量的状态显示在屏幕左下角的窗口中。

在运行程序之前，用户可使用鼠标右击任何一个赋值语句，在弹出的快捷菜单中选择"设置断点"命令，用来观察程序的运行状态和所有变量的值；取消断点的方法与设置断点相同，右击已设置断点的符号，在弹出的快捷菜单中单击"设置断点"命令即可。

2. 选择结构

顺序结构程序的执行，是按照语句的先后顺序执行，每条语句都会执行到，但在许多情况下需要根据不同的条件来选择所要执行的模块，即判断某个条件是否成立，如果条件成立就执行某个模块，否则就执行另一个模块，这样的程序结构称为选择结构，又称为分支结构，如图3-35所示。

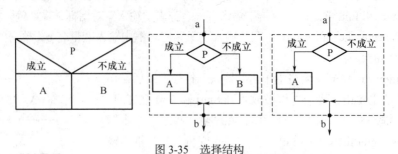

图 3-35　选择结构

例 3.11　在 Raptor 编程环境中，编写并运行求解如下分段函数的算法。

$$y = \begin{cases} x+1 & (x < 0) \\ 3 \times x - 2 & (0 \leqslant x \leqslant 9) \\ x+8 & (x > 9) \end{cases}$$

（1）双击桌面上的"Raptor 汉化版"图标，启动 Raptor 软件，打开 Raptor 窗口，如图 3-18 所示。

（2）在 Raptor 窗口的左窗格中单击"输入"符号，然后在初始流程图的连线上单击，则输入框被放入到 Start 和 End 框之间。双击"输入"框，则弹出"输入"对话框，在"输入提示"文本框中输入"Please enter the value of x"，在"输入变量"文本框中输入变量名 x，单击"完成"按钮，即完成输入语句的编写。

（3）在左窗格单击"选择"符号，然后在流程图"输入"框下方的流程线上单击，则插入"选择"框。双击"选择"框，则弹出"选择"对话框，输入选择条件 x<0，单击"完成"按钮，则表达式放入了菱形框中。

（4）在"选择"框的左分支上插入"赋值"框，双击"赋值"框，在"Assignment"对话框中的 Set 部分输入 y，在 to 部分输入 x + 1。

（5）在左窗格单击"选择"符号，然后在流程图"选择"框的右分支的流程线上单击，则插入"选择"框。双击"选择"框，则弹出"选择"对话框，输入选择条件 x<=9，单击"完成"按钮，则表达式放入了菱形框中。

（6）在"选择"框的左分支上插入"赋值"框，双击"赋值"框，在"Assignment"对话框中的 Set 部分输入 y，在 to 部分输入 3*x-2。

（7）在"选择"框的右分支上插入"赋值"框，双击"赋值"框，在"Assignment"对话框中的 Set 部分输入 y，在 to 部分输入 x + 8。

（8）在左窗格单击"输出"符号，在选择语句和结束框之间的连线上单击，则插入"输出"框，在"输出"对话框中输入"y = " + y。

（9）保存此流程图，文件名为"选择结构 1.rap"。

最后完成的流程图如图 3-36 所示。

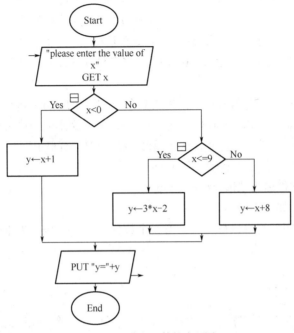

图 3-36　分段函数的流程图

（10）运行该程序，输入 x 的值，分别为 x<0、0≤x≤9、x>9 三种情况，并跟踪执行过程中变量的值。观察算法的执行流程，体会选择结构的执行原理。

例 3.12　用 Raptor 流程图编程，从键盘输入 3 个数，输出 3 个数中的最大值。

（1）双击桌面上的"Raptor 汉化版"图标，启动 Raptor 软件，打开 Raptor 窗口，如图 3-18 所示。

（2）在 Raptor 窗口的左窗格中单击"输入"符号，然后在初始流程图的连线上单击，则输入框被放入到 Start 和 End 框之间。双击"输入"框，弹出"输入"对话框，在"输入提示"文本框中输入"Please enter the value of a"，在"输入变量"文本框中输入变量名 a，单击"完成"按钮，即完成输入语句的编写。

（3）在 Raptor 窗口的左窗格中单击"输入"符号，然后在初始流程图的连线上单击，则输入框被放入到 Start 和 End 框之间。双击"输入"框，弹出"输入"对话框，在"输入提示"文本框中输入"Please enter the value of b"，在"输入变量"文本框中输入变量名 b，单击"完成"按钮，即完成输入语句的编写。

（4）在 Raptor 窗口的左窗格中单击"输入"符号，然后在初始流程图的连线上单击，则输入框被放入到 Start 和 End 框之间。双击"输入"框，弹出"输入"对话框，在"输入提示"文本框中输入"Please enter the value of c"，在"输入变量"文本框中输入变量名 c，单击"完成"按钮，即完成输入语句的编写。

（5）在左窗格单击"选择"符号，然后在流程图"输入"框下方的流程线上单击，则插入"选择"框。双击"选择"框，则弹出"选择"对话框，输入选择条件 a>b，单击"完成"按钮，则表达式放入了菱形框中。

（6）选择左窗格的"赋值"符号，然后在"选择"框下方的左分支流程线上单击，则插入"赋值"框。双击"赋值"框，在 Set 文本框中输入 maxD，在 to 文本框中输入 a，单击"完成"按钮。

（7）选择左窗格的"赋值"符号，然后在"选择"框下方的右分支流程线上单击，则插入"赋值"框。双击"赋值"框，在 Set 文本框中输入 maxD，在 to 文本框中输入 b，单击"完成"按钮。

（8）在左窗格单击"选择"符号，然后在选择框下方的流程线上单击，则插入"选择"框。双击"选择"框，则弹出"选择"对话框，输入选择条件 c>maxD，单击"完成"按钮，则表达式放入了菱形框中。

（9）选择左窗格的"赋值"符号，然后在"选择"框下方的左分支流程线上单击，则插入"赋值"框。双击"赋值"框，在 Set 文本框中输入 maxD，在 to 文本框中输入 c，单击"完成"按钮。

（10）在左窗格单击"输出"符号，在选择语句和结束框之间的连线上单击，则插入"输出"框，在"输出"对话框中输入"maxD = " + maxD。

保存此流程图，文件名为"选择结构 2.rap"。

最后完成的流程图如图 3-37 所示。

执行 Raptor 流程图并观察执行结果，当 3 个数分别为 23、96、75 时，执行结果如图 3-38 所示。

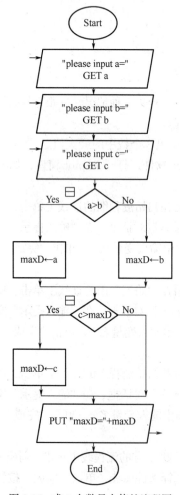

图 3-37　求 3 个数最大值的流程图　　　　　　　图 3-38　求 3 个数最大值的运行结果

3. 循环结构

当满足一定条件时，计算机要重复执行某些语句，就需要使用循环结构，它是结构化程序设计的 3 种基本结构之一，它和顺序结构、选择结构共同作为各种复杂程序的基本构成单元。

一个完整的循环结构一般包括以下几部分。

- 循环变量赋初值，即初始化循环变量。
- 循环条件的设置：当循环条件为假，执行循环体，直到循环条件为真，退出循环。
- 循环体：重复执行的语句。
- 修改循环变量：在每次循环中改变循环变量的值。

循环结构包括当型循环和直到型循环。

（1）当型循环：先判断循环条件，再执行循环体语句，如图 3-39 所示。

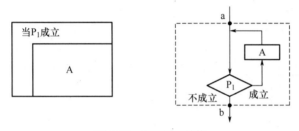

图 3-39　当型循环结构

（2）直到型循环：先执行循环体语句，后判断循环条件，如图 3-40 所示。

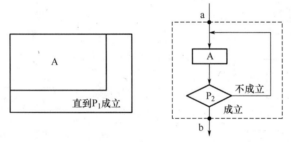

图 3-40　直到型循环结构

Raptor 中循环语句的执行过程为：当循环条件为假，则执行循环体语句；当循环条件为真时退出循环。

例 3.13 用 Raptor 流程图编程，计算 $1 + 2 + 3 + \cdots\cdots + 50$。

具体操作步骤如下。

（1）双击桌面上的"Raptor 汉化版"图标，启动 Raptor 软件，打开 Raptor 窗口，如图 3-18 所示。

（2）在 Raptor 窗口的左窗格中单击"赋值"符号，然后在初始流程图的连线上单击，则赋值框被放入到 Start 和 End 框之间。双击"赋值"框，在对话框中的 Set 部分输入 i，在 to 部分输入 1。

（3）在左窗格中单击"赋值"符号，在"赋值"框的下方再添加一个"赋值"框，双击"赋值"框，在对话框中的 Set 部分输入 sum，在 to 部分输入 0。

（4）在左窗格中单击"循环"符号，在流程图上添加"循环"框，双击"循环"框，弹出"循环"对话框，在对话框中输入跳出循环的条件 i>50，单击"完成"按钮。

（5）在循环的 No 分支上添加"赋值"框，双击"赋值"框，在对话框中的 Set 部分输入 sum，在 to 部分输入 sum + i。

（6）在循环的 No 分支上"赋值"框的下方再添加一个"赋值"框，双击"赋值"框，在对话框中的 Set 部分输入 i，在 to 部分输入 i + 1。

（7）在紧邻 End 框之上，添加"输出"框，双击"输出"框，在对话框中的"输入你要输出的内容"文本框中输入"sum = " + sum。流程图如图 3-41 所示。

（8）保存流程图，文件名为"循环结构 1.rap"。

（9）运行该程序，并观察运行过程中变量值的变化。从主控台窗口还可以获悉程序的运算次数。执行 Raptor 流程图的结果如图 3-42 所示。

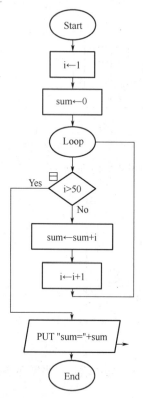

图 3-41　计算 1 + 2 + 3 + …… + n 的流程图　　　图 3-42　执行 1 + 2 + 3 + …… + 50 的 Raptor 流程图结果

例 3.14　用 Raptor 流程图编程，输出所有"水仙花数"。水仙花数就是一个 3 位数，其各位数字的立方和与该数自身相等。例如 $153 = 1^3 + 5^3 + 3^3$ 就是水仙花数。

（1）双击桌面上的"Raptor 汉化版"图标，启动 Raptor 软件，打开 Raptor 窗口，如图 3-18 所示。

（2）在 Raptor 窗口的左窗格中单击"赋值"符号，然后在初始流程图的连线上单击，则赋值框被放入到 Start 和 End 框之间。双击"赋值"框，在对话框中的 Set 部分输入 m，在 to 部分输入 100。

（3）在左窗格中单击"循环"符号，在流程图上添加"循环"框，双击"循环"框，弹出"循环"对话框，在对话框中输入跳出循环的条件 m> = 1000，单击"完成"按钮。

（4）在循环的 No 分支上添加"赋值"框，双击"赋值"框，在对话框中的 Set 部分输入 a，在 to 部分输入 m mod 10。

（5）在循环的 No 分支上添加"赋值"框，双击"赋值"框，在对话框中的 Set 部分输入 b，在 to 部分输入 floor（m/10 mod 10）。

（6）在循环的 No 分支上添加"赋值"框，双击"赋值"框，在对话框中的 Set 部分输入 c，在 to 部分输入 floor（m/100）。

（7）在左窗格单击"选择"符号，然后在循环的 No 分支"赋值"框下方的流程线上单击，则插入"选择"框。双击"选择"框，则弹出"选择"对话框，输入选择条件 m = a^3 + b^3 + c^3，单击"完成"按钮，则表达式放入了菱形框中。

（8）在"选择"框的左分支上添加"输出"框，双击"输出"框，在对话框中的"输入你要输出的内容"文本框中输入"m = " + m。

（9）在"选择"框的下方添加"赋值"框，双击"赋值"框，在对话框中的 Set 部分输入 m，在 to 部分输入 m + 1。流程图如图 3-43 所示。

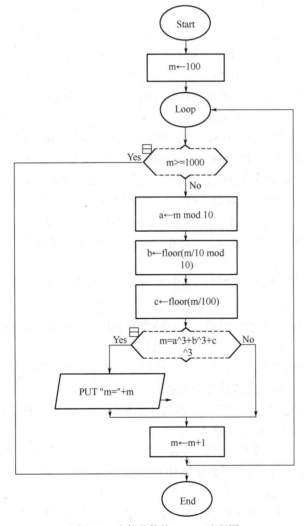

图 3-43 水仙花数的 Raptor 流程图

（10）保存此流程图，文件名为"循环结构2.rap"。

（11）运行该程序，并观察运行过程中变量值的变化。从主控台窗口还可以获悉程序的运算次数。执行 Raptor 流程图的结果如图 3-44 所示。

图 3-44　水仙花数的 Raptor 流程图运行结果

例 3.15　用 Raptor 流程图编程，首先输入数据个数 n，然后从键盘上输入 n 个数到数组 a 中，求出它们的最大值、最小值和平均值并输出。

（1）双击桌面上的"Raptor 汉化版"图标，启动 Raptor 软件，打开 Raptor 窗口，如图 3-18 所示。

（2）在 Raptor 窗口的左窗格中单击"输入"符号，然后在初始流程图的连线上单击，则输入框被放入到 Start 和 End 框之间。双击"输入"框，则弹出"输入"对话框，在"输入提示"文本框中输入"Please input　n ="，在"输入变量"文本框中输入变量名 n，单击"完成"按钮。

（3）在左窗格中单击"赋值"符号，在输入框下方添加"赋值"框，双击"赋值"框，在对话框中的 Set 部分输入 i，在 to 部分输入 1。

（4）在左窗格中单击"循环"符号，在流程图上添加"循环"框，双击"循环"框，弹出"循环"对话框，在对话框中输入跳出循环的条件 i>n，单击"完成"按钮。

（5）在 Raptor 窗口的左窗格中单击"输入"符号，然后在初始流程图的连线上单击，则输入框被放入到 Start 和 End 框之间。双击"输入"框，则弹出"输入"对话框，在"输入提示"文本框中输入"Please input　data:"，在"输入变量"文本框中输入变量名 a[i]，单击"完成"按钮。

（6）选择左窗格的"赋值"符号，然后在"输入"框的下方流程线上单击，则插入"赋值"框。双击"赋值"框，在 Set 文本框中输入 i，在 to 文本框中输入 i + 1，单击"完成"按钮。

（7）在左窗格中单击"赋值"符号，在循环框下方添加"赋值"框，双击"赋值"框，在对话框中的 Set 部分输入 maxA，在 to 部分输入 a[1]。

（8）在左窗格中单击"赋值"符号，在赋值框下方添加"赋值"框，双击"赋值"框，在对话框中的 Set 部分输入 minA，在 to 部分输入 a[1]。

（9）在左窗格中单击"赋值"符号，在赋值框下方添加"赋值"框，双击"赋值"框，在对话框中的 Set 部分输入 sum，在 to 部分输入 0。

（10）在左窗格中单击"赋值"符号，在赋值框下方添加"赋值"框，双击"赋值"框，在对话框中的 Set 部分输入 i，在 to 部分输入 1。

（11）在左窗格中单击"循环"符号，在流程图上添加"循环"框，双击"循环"框，弹出"循环"对话框，在对话框中输入跳出循环的条件 i>n，单击"完成"按钮。

（12）在左窗格单击"选择"符号，在循环框下方单击，插入"选择"框。双击"选择"框，弹出"选择"对话框，输入选择条件 maxA<a[i]，单击"完成"按钮，则表达式放入了菱形框中。

（13）选择左窗格的"赋值"符号，然后在"选择"框的 Yes 分支流程线上单击，则插入"赋值"

框。双击"赋值"框，在 Set 文本框中输入 maxA，在 to 文本框中输入 a[i]，单击"完成"按钮。

（14）在左窗格单击"选择"符号，在选择框下方单击，则插入"选择"框。双击"选择"框，则弹出"选择"对话框，输入选择条件 minA>a[i]，单击"完成"按钮，则表达式放入了菱形框中。

（15）选择左窗格的"赋值"符号，然后在"选择"框的 Yes 分支流程线上单击，则插入"赋值"框。双击"赋值"框，在 Set 文本框中输入 minA，在 to 文本框中输入 a[i]，单击"完成"按钮。

（16）选择左窗格的"赋值"符号，然后在"选择"框下方流程线上单击，则插入"赋值"框。双击"赋值"框，在 Set 文本框中输入 sum，在 to 文本框中输入 sum + a[i]，单击"完成"按钮。

（17）选择左窗格的"赋值"符号，然后在"赋值"框的下方流程线上单击，则插入"赋值"框。双击"赋值"框，在 Set 文本框中输入 i，在 to 文本框中输入 i + 1，单击"完成"按钮。

（18）选择左窗格的"赋值"符号，然后在"循环"框的下方单击，则插入"赋值"框。双击"赋值"框，在 Set 文本框中输入 ave，在 to 文本框中输入 sum/n，单击"完成"按钮。

（19）在紧邻 End 框之上，添加"输出"框，双击"输出"框，在对话框中的"输入你要输出的内容"文本框中输入"max = " + maxA + "min = " + minA + "ave = " + ave。流程图如图 3-45 所示。

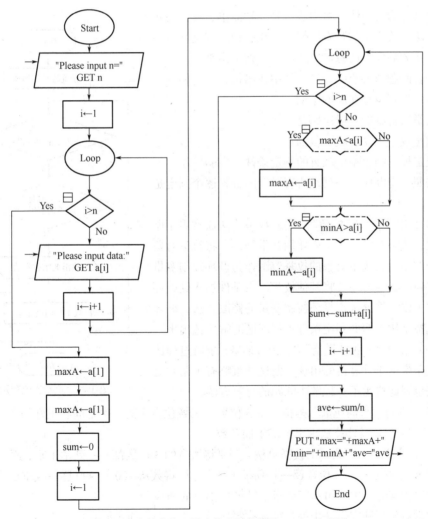

图 3-45　求最大值、最小值和平均值的 Raptor 流程图

（20）保存此流程图，文件名为"循环结构3.rap"。

（21）运行该程序，并观察运行过程中变量值的变化。当从键盘输入 n 的值为 5，数组 a 的值为 2、4、6、8、10。执行 Raptor 流程图的结果如图 3-46 所示。

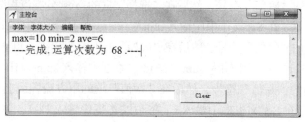

图 3-46　求最大值、最小值和平均值的 Raptor 流程图运行结果

3.3　枚举法

枚举法又称为穷举法、蛮力法，是一种简单、直接地解决问题的方法。枚举法的基本思想是：在问题的解空间范围内，按照一定的顺序将所有可能的解一一列举出来，逐个判断有哪些符合问题所要求的条件，从中找出符合要求的一组解、多组解或得到不存在解的结论。

使用枚举法解题的一般思路是：

（1）确定枚举对象、枚举范围。

（2）设定枚举结束条件及解的判定条件。

（3）按照一定顺序一一列举所有可能的解，逐个判定是否为真解。

图 3-47 给出了枚举法的流程示意。枚举算法通常需用循环结构实现，枚举对象有几个就使用几重循环。将枚举对象作为循环控制变量，枚举对象的枚举范围作为循环控制变量的初值和终值（必要时还要将其他枚举结束条件加入到循环控制条件中）以及据此确定循环控制变量的修改方法，循环体中使用选择结构（解的判定条件）将问题的解挑选出来。

枚举法采用的是一种"懒惰""蛮力"策略，求解过程比较耗时，但正是由于计算机的出现，使这种策略有了用武之地，枚举法也因此成为了一种解决问题的有效方法。

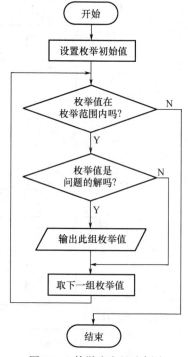

图 3-47　枚举法流程示意图

例 3.16　所谓"水仙花数"是指一个 3 位数，其各位数字的三次幂的和正好等于该数本身，如 $153 = 1^3 + 5^3 + 3^3$。设计算法求出全部水仙花数。

【算法设计】 这是一个典型的枚举算法，需要将所有的 3 位数都一一列举出来，逐一判断是否符合题目要求。"将所有的 3 位数都一一列举出来"亦即将数从 100 到 999 逐一枚举出来，正好是循环结构解决的问题。因此可将问题求解转换成如下的描述。

（1）枚举对象反映在算法中就是循环控制变量，此例为水仙花数 *n*。

（2）枚举范围反映在算法中就是循环控制变量的初值、终值和修改方法，此例为 100 ~ 999。

（3）枚举顺序（即前述使用枚举法解题的一般思路中，"按照一定顺序——列举所有可能的解"中的"一定顺序"），反映在算法中就是循环控制变量的修改方式，可以是递增或递减，对本例来说，若按递增顺序，循环控制变量就从 100 逐次枚举到 999，若按递减顺序则是从 999 逐次枚举到 100。

（4）判定条件，反映在算法中就是在循环体中判断该枚举值是否符合题目要求，本例中是判断 n 的值是否满足"各位数字的三次幂的和正好等于该数本身"。

（5）枚举结束条件，一般有两种情形：一是找到满足条件的指定数量的解（如 1 个解）即结束，二是将枚举范围测试完毕，找出满足条件的所有解才结束。本例采用后一种要求。

此题目算法中另一个关键问题是如何从枚举对象 n 中分离出其百、十、个位的三位数字。可以利用整除运算 div 和取余运算 mod 实现分离：个位值为 n mod 10，十位值为 n mod 100 div 10 或 n div 10 mod 10，百位数为 n div 100。

算法流程图见图 3-48。

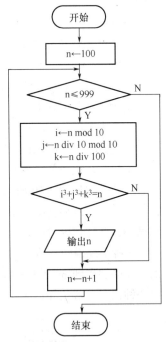

图 3-48　例 3.16 算法流程图

【思考题】水仙花数的另一种枚举算法：枚举对象为水仙花数的百、十、个位数，分别用 i、j、k 表示，其中，i 的枚举范围为 1 ~ 9，j、k 的枚举范围均为 0 ~ 9，这时枚举出来的 3 位数的值为 i*100 + j*10 + k，判定条件和枚举结束条件同上。试设计此算法。

例 3.17　中国古代《算经》有一题："鸡翁一，值钱五；鸡母一，值钱三；鸡雏三，值钱一。百钱买百鸡，问鸡翁、母、雏各几何？"

【算法设计】原题翻译成现代汉语为：公鸡每只 5 元，母鸡每只 3 元，小鸡每 3 只 1 元。用 100 元钱买 100 只鸡，问公鸡、母鸡、小鸡各买多少只？

设公鸡、母鸡、小鸡的数量分别为 x、y、z，则可列出如下方程组。

$$\begin{cases} x+y+z=100 \\ 5x+3y+z/3=100 \end{cases}$$

此方程组无法用数学方法直接求解，而这类问题在计算机中正好适合采用枚举法解决。这时，以 3 类鸡的数量为枚举对象，根据"百钱"条件和每类鸡的价格条件可知，公鸡数 y、母鸡数 y、小鸡数 z 的枚举范围分别是 0 ~ 20、0 ~ 33、0 ~ 100，判定条件则是鸡的总数为 100 且总钱数为 100，枚举结束条件是将枚举范围内 3 类鸡数量的各种可能组合都测试完毕。

实际上，上述算法可以优化，因为在枚举了公鸡数 x 和母鸡数 y 后，根据"百鸡"条件，小鸡 z 的数量不必再枚举了，其值为 z = 100-x-y，判定条件则只剩下总钱数为 100 了，枚举结束条件是将枚举范围内两类鸡数量的各种可能组合都测试完毕。

算法实现时需要使用两重循环结构，外层循环枚举一个对象（本例中枚举的是公鸡数 x），内层循环枚举另一个对象（本例中枚举的是母鸡数 y）。每一个枚举对象的枚举顺序都可以是递增或递减（本例中 x 和 y 都采取递增的方式，x 从 0 逐次递增到 20，y 从 0 逐次递增到 33）。这样，在内层循环的循环体中，就可获得两个枚举对象值的各种可能组合，通过计算 z 判定是否满足解的条件，将问题的解输出。算法流程图如图 3-49 所示。

例 3.18 判断输入的正整数 m 是否为素数。

【算法设计】 素数也称为质数，是指一个大于等于 2 的整数，它只能被 1 和自身整除。

根据定义，判断 m 是否素数的方法就是用 2，3，…，m-1 逐个去除 m，如果有任一个数能整除 m，则 m 不是素数，否则即所有这些数都不能整除 m，则 m 是素数。很明显，这类问题非常适合用枚举算法解决，需要使用循环结构，具体设计如下。

（1）枚举对象：除数 i。

（2）枚举范围：2 ~ m-1。

（3）判定条件：m 除以 i 的余数是否为 0。

（4）枚举结束条件：遇余数为 0 则结束，或直至将枚举范围测试完毕。

算法流程图如图 3-50 所示。在此算法中，枚举结束条件有两个，因此循环出口有两个（即退出或终止循环有两种情况）。第一个是 m 能被枚举对象 i 的当前值整除（即 m mod i = 0 成立）则退出循环，此种情况说明 m 不是素数。第二个是枚举范围测试完毕（即 i≤m-1 不成立）后终止循环，此种情况说明 m 是素数。因此在循环结构的出口处，还需进一步判断是由于哪一种情况退出的，才能够得到 m 是否素数的结论。在此使用条件 i≤m-1 做进一步判断，若条件成立，说明是第一种情况，若条件不成立则是第二种情况。

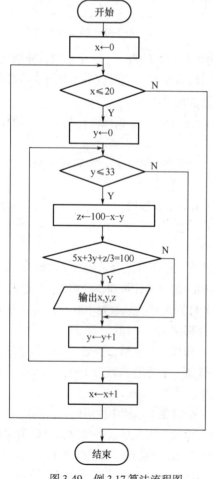

图 3-49　例 3.17 算法流程图

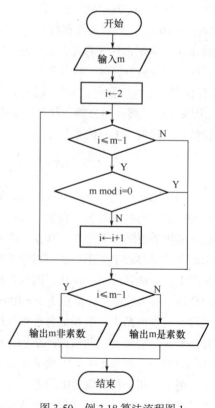

图 3-50　例 3.18 算法流程图 1

　　此问题还有一种更好的解决办法，设置一个标志变量 flag，由 flag 的值来标识是否遇到了能整除情况。flag ＝1 表示尚未遇到能整除情况，flag ＝0 表示遇到了能整除情况。开始时 flag 的初值置为 1。在循环体中，若遇到了某 i 能整除 m，则将 flag 置为 0。此时，算法中的循环控制条件就变成了要同时满足 i≤m-1 和 flag ＝1，即没有将枚举范围测试完且未遇到能整除情况。循环结构的出口也不再是两个，而是只有一个出口。这样的循环结构就完全符合结构化设计的原则。但是需要注意的是，在循环出口处，仍然需要检测是从不满足两个循环控制条件（i≤m-1 和 flag ＝1）中的哪一个退出来的，以此来区分不同的结果。在此例中检测的是 flag 的值。算法流程如图 3-51 所示。

　　实际上，判断 m 是否素数也不必从 2 一直除到 m-1，只要除到 m/2 甚至 $\sqrt{m}$ 就可以了。这可大大减少循环次数。在算法中只需要将循环控制条件和循环出口处的判断条件做相应的修改即可，请读者试实现算法修改。

　　例 3.19　有等式 ABCAB*A ＝ DDDDDD，其中，A ~ D 是数字 0 ~ 9 中的一个（D≠0），问它们各是几？

　　【算法设计】解决此题目，大家很自然会想到要枚举 A、B、C 三个变量的值，计算 ABCAB*A，判断乘积是否为 6 位数且各位数均相同。这种算法需使用三重循环，结构比较复杂，效率也较低。在此采用枚举量较少的另一种算法，具体如下。

　　（1）枚举对象：D、A。

　　（2）枚举范围：D 为 1 ~ 9，A 为 3 ~ 9（因为根据题目，一个 5 位数乘以一个 1 位数，积为 6 位数，故必然有 A≥3）。

　　（3）判定条件：DDDDDD 能被 A 整除，且商的万位数与十位数相等且都等于 A，商的千位数与个位数相等。

　　（4）枚举结束条件：此题目要求中没有明确指出是只求问题的一个解，还是要求出问题的所有解，因此枚举结束条件可以有两种，一种是一旦判定有一个解满足要求就立即结束算法，另一种是将枚举范围测试完毕，即要求出所有解。本例采用后一种要求。

　　算法流程图如图 3-52 所示。该算法使用了两重循环，外层循环枚举变量 D、内层循环枚举变量 A，也可外层枚举 A、内层枚举 D，在最内层循环的循环体中判断是否为满足要求的解。为了节省流程图画图空间和使流程看起来更简洁清楚，图中对有些处理框采取了功能示意或功能描述的方式，例如处理框"x←DDDDDD"的完整描述应为"x←100000*D + 10000*D + 1000*D + 100*D + 10*D + D"，处理框"将 y 的万位 ~ 个位数分解为 t5 ~ t1"的完整描述应为"t5←y div 10000，t4←y div 1000 mod 10，t3←y div 100 mod 10，t2←y div 10 mod 10，t1←y mod 10"。

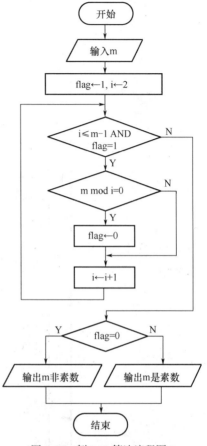

图 3-51　例 3.18 算法流程图 2

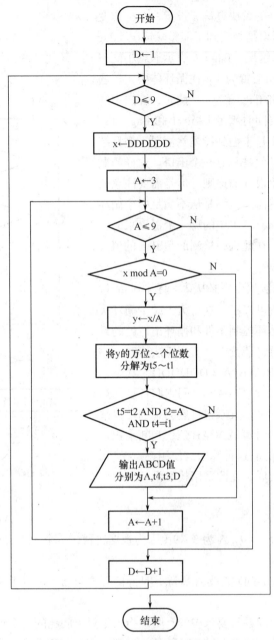

图 3-52 例 3.19 算法流程图

3.4 迭代与递推算法

"迭"是屡次和反复的意思，"代"是代换、替换的意思，合起来，"迭代"就是反复替换，即不断地用变量的新值替换其旧值的过程。如一笔定期一年的银行存款，每年自动转存，形成了利滚利的情况，通过不断迭代可计算出每年的实际存款额。递推是由一个（或多个）变量的值推导出另外一个（或多个）变量的值的过程，如假设 5 个人的体重相差都是 3kg 即形成了等差序列，则由第 1 个人的体重就可以递推出其他 4 个人的体重。实际上，迭代和递推没有严格的界限，例如在上述银行存款问题中，如果将每年的存款额用不同的变量表示，迭代过程就变成了递推过程。在本书中不对迭代和递推的概念详加区分，统称为迭代或递推。

迭代或递推的运算基础是由前项可以推出后项。运用完全相同的推导法则，可以从一个已知的首项开始，有限次地重复推导下去，就可得到一个结果序列。迭代过程就是按照相同的法则进行反复推导的过程。

在使用迭代算法时，需要从以下四个方面考虑问题。

（1）确定迭代变量：在能使用迭代算法解决的问题中，至少存在一个迭代变量，它（们）可以直接或间接地不断由旧值递推出新值。

（2）建立迭代关系式：迭代关系式是指迭代变量从前一个值推导出后一个值的推导法则，常用数学公式表示。建立迭代关系式是使用迭代算法解决迭代问题的关键步骤。

（3）确定迭代的初始状态，即各迭代变量的初始值。

（4）控制迭代过程：要明确迭代的终止条件，不能让迭代过程无休止的重复下去。控制迭代过程的方法通常有以下两种。第一种是迭代次数是已知的或确定的，就可直接控制迭代次数。第二种是迭代次数无法确定，但根据问题要求可以分析出终止迭代的条件。

迭代算法一般都采用循环结构。如果迭代次数是已知的或确定的，控制迭代过程的方法就是使用一个固定次数的循环结构，由循环控制变量的初值、终值来控制迭代次数。如果迭代次数未知但可以分析出迭代终止条件，就将这个迭代终止条件作为循环控制条件。在进入循环结构前设置各迭代变量的初始值，在循环体中使用迭代关系式进行迭代计算，循环结束后即可得到迭代的最终结果。

例 3.20　利用格里高利公式计算 π 的值。题目 1 要求计算前 30 项。题目 2 要求计算至最后一项的绝对值小于 10^{-6}。格里高利公式如下。

$$\frac{\pi}{4} = 1 - \frac{1}{3} + \frac{1}{5} - \frac{1}{7} + \frac{1}{9} - \cdots$$

【算法设计】格里高利公式是一个无穷多项式，只能通过计算其有限项数求得 π 的一个近似值。本例对项数提出了两种不同要求，可用两个算法分别实现。

从格里高利公式的原式不太容易直接看出迭代规律，可对原式做如下变形。

$$\frac{\pi}{4} = \frac{1}{1} + \frac{-1}{3} + \frac{1}{5} + \frac{-1}{7} + \frac{1}{9} - \cdots$$

变形后，题目显然变成了一个累加问题，且每一个累加项是按照一定规律变化取值的，这正好符合迭代算法的思想，可将累加项作为迭代变量。

进一步分析总结累加项的变化规律，可以发现，其分子变化规律是 1，-1，1，-1，…；分母的变化规律是 1，3，5，7，…。为此可以设置 4 个迭代变量，即分子 s、分母 n、累加项 t（其值为 s / n）、累加和 sum。它们的迭代规律（迭代关系式）如下。

（1）分子 s 的迭代公式为 s←-s（s 的初值为 1 或-1，根据算法中操作顺序而定）。

（2）分母 n 可以使用两种不同的迭代公式。一种是对应于题目 1 的要求，可使用已知循环次数（本题为 30 次）的循环结构，借用循环控制变量 i 的值在 1 ~ 30 之间逐次变化，使 n←2*i-1。另一种对应于题目 2 的要求，无法使用确定次数的循环结构，也就没有循环控制变量 i，则使用迭代公式为 n←n + 2，n 的初值为 1。

（3）累加项 t 的计算公式为 t←s / n。

（4）累加和 sum 的迭代公式为 sum←sum + t。

题目 1 的算法中，使用了已知循环次数的循环结构，迭代的终止条件就是循环重复执行到指定次数后终止循环亦即终止迭代，算法流程图如图 3-53 所示。题目 2 中实际已经给出了迭代终止条件，即累加项 t 的绝对值小于 10^{-6}，因此就使用 t 作为此算法的循环结构的循环控制变量，用|t|≥10^{-6} 作为循环控制条件。算法流程图如图 3-54（a）所示。图 3-54（a）也可改画为图 3-54（b），请注意由于计算次序的改变所导致的一些变化，试阅读理解。

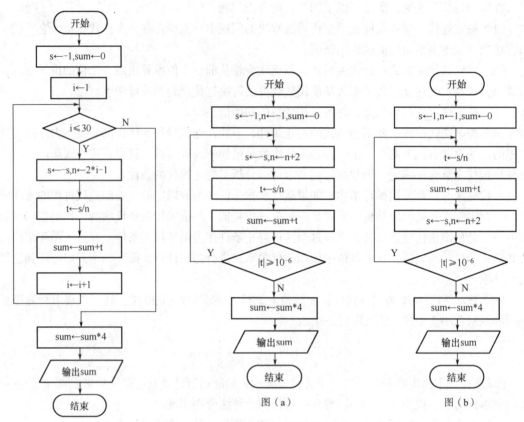

图 3-53　例 3.20 流程图 1　　　　　　图 3-54　例 3.20 流程图 2

实际上，对分母 n 的迭代过程可以灵活使用上述两种方式。在已知循环次数的循环结构算法中，n 的值也可以不使用 i 来计算而使用 n←n + 2 来迭代。在无固定次数的循环结构算法中，也可以增加一个变量 i，其初值为 1，使用 n←2*i-1 及 i←i + 1 来迭代。

例 3.21　求 s = a + aa + aaa + aaaa + …的值，其中 a 是一个数字（0≤a≤9），n 是最后一项中 a 的个数（n≥1），a 和 n 的值从键盘输入。例如，若 a = 7，且 n = 5，则 s = 7 + 77 + 777 + 7777 + 77777。

【算法设计】可以看出，这是一个 n 个数据项累加的问题，每个数据项的构造有明显的迭代规律，而且当输入 n 的值后，迭代次数就是确定的了，因此算法可以用确定次数的循环结构实现。

迭代过程由循环控制，设置两个迭代变量——累加项 t 和累加和 s，它们的迭代公式为 t←t*10 + a 和 s←s + t，其中，s 和 t 的初值均为 0。算法流程图如图 3-55 所示。

例 3.22　求输入的两个正整数 m 和 n 的最大公约数和最小公倍数。

【算法设计】我国东汉时期的《九章算术》中，给出了求两个正整数最大公约数的方法，称为辗转相除法。相同的方法在西方出现时，被称为欧几里德算法。该算法描述的求两个正整数 m 和 n 的最大公约数的辗转相除过程如下。

① 求 m÷n 的余数 r。

② 若 r = 0，则 n 即是最大公约数。

③ 若 r≠0，则迭代互换，即执行 m←n 和 n←r，转回到①重复上述过程。

将上述辗转相除的过程直接画出流程图如图 3-56 所示，显然这种重复执行的流程结构不符合结构化设计原则规定的循环结构的要求，必须加以修改使之符合循环结构的要求。修改后的流程图如图 3-57 所示。

大家知道，设 m 和 n 的最大公约数为 gy，则它们的最小公倍数为 gb = m*n / gy，即在求 gb 时还需要使用 m 和 n 的原值，但在上述辗转相除过程中，m 和 n 的值不断地迭代，不再是其原值。为了解决这个问题，算法中引入了两个新变量 m1 和 n1，其初值为 m 和 n 的值，将上述算法改为使用辗转相除法求 m1 和 n1 的最大公约数。这样就保证了既能求出 m 和 n 的最大公约数，还能保持 m 和 n 的原值不变，以便后面继续使用它们计算最小公倍数。最终的算法流程图如图 3-58 所示。

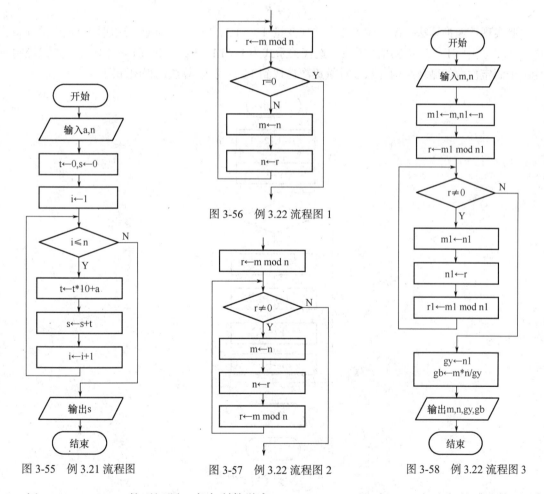

图 3-55　例 3.21 流程图　　　图 3-57　例 3.22 流程图 2　　　图 3-58　例 3.22 流程图 3

图 3-56　例 3.22 流程图 1

例 3.23　Fibnacci 数列问题。意大利数学家 Leonardo Fibnacci 在 1202 年出版的《珠算原理》一书中提出了这样一个问题：一般而言，兔子在出生两个月后就有了繁殖能力，假定一对兔子每月能生出一对小兔子，若所有兔子都不死，那么一对小兔子一年后可繁殖成多少对兔子？

【算法设计】根据题意，将不同月份兔子数量的变化情况列表如表 3-5 所示。

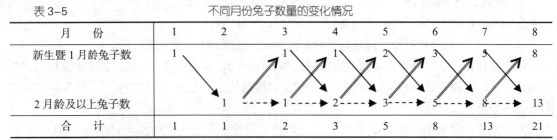

表 3-5　　　　　　　　　不同月份兔子数量的变化情况

月　　份	1	2	3	4	5	6	7	8
新生暨 1 月龄兔子数	1		1	1	2	3	5	8
2 月龄及以上兔子数		1	1	2	3	5	8	13
合　　计	1	1	2	3	5	8	13	21

  ——▶　表示 1 月龄兔子自然生长为 2 月龄兔子数

  ----▶　表示 2 月龄及以上的继续存活的兔子数

  ═══▶　表示由 2 月龄及以上的兔子繁殖出的小兔子数

通过对表 3-5 中的数据变化规律进行分析，可以得出每月兔子数量存在如下递推关系。

$$F_n = \begin{cases} 1 & n = 1,2 \\ F_{n-1} + F_{n-2} & n \geq 3 \end{cases}$$

要实现该递推算法，需要设置三个迭代变量 F1、F2、F，它们对应上述递推公式中的 F_{n-1}、F_{n-2}、F_n，其中 F1、F2 的初值均为 1。迭代关系式为 F←F1 + F2、F2←F1 和 F1←F。迭代控制使用一个固定次数的循环结构（从 3 月份逐次迭代到 12 月份）。算法流程图如图 3-59 所示。

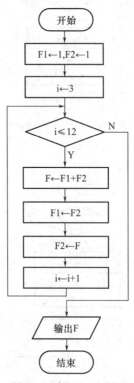

图 3-59　例 3.23 流程图

例 3.24　利用牛顿迭代法求非线性 $f(x) = x^3 - 2x - 5$ 方程在 2 附近的解，设误差精度为 10^{-6}。

【算法设计】牛顿迭代法又称为牛顿—拉夫逊方法。因为大部分非线性方程不存在求根公式，故求精确根非常困难甚至不可能，只能求得近似根，而牛顿迭代法就是一种求方程近似根的重要方法。该方法如下。

假设 r 是方程 $f(x)=0$ 的根，选取 r 附近的一个值 x_0 作为 r 的初始近似值，则使用牛顿迭代公式 $x_{n+1}=x_n-\dfrac{f(x_n)}{f'(x_n)}$ 可求出 r 的 $n+1$ 次近似值。当满足 $|x_{n+1}-x_n|<\varepsilon$（$\varepsilon$ 为误差精度）时，x_{n+1} 就是方程的根 r 的一个近似根。

本例中，$f(x)=x^3-2x-5$，$f'(x)=3x^2-2$。根据牛顿迭代公式，选取迭代变量为 x0、x1、f0、f1；迭代关系式为 x0←x1，f0←x0*x0*x0-2*x0-5，f1←3*x0*x0-2，x1←x0-f0/f1；迭代控制条件为 $|x_1-x_0|\geqslant\varepsilon$（$\varepsilon$ 值为 10^{-6}），显然需要使用一个无确切循环次数的循环结构来控制迭代过程。算法流程图如图 3-60 所示。

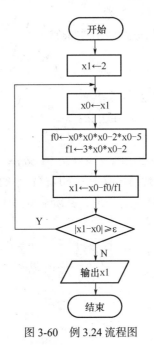

图 3-60　例 3.24 流程图

3.5　递归方法

递归是计算技术中的一个重要概念，是计算理论的基础之一。在计算技术中，与递归有关的概念包括递归定义、递归关系、递归方法、递归过程、递归函数、递归算法、递归程序等。通常将利用递归概念和技术研究解决问题的方法统称为递归方法，将使用递归方法解决问题的算法称为递归算法，将使用递归算法编写的过程或函数称为递归过程或递归函数，包含有递归调用的程序称为递归程序。在计算机编程应用中，使用递归方法可以将问题描述的更加简洁且易于理解，递归算法对解决大多数问题都是非常有效的。

递归算法是直接或间接调用"自身"的算法，或者说是用自己的简单情况定义自己。在这里，加引号的"自身"就是指以比自身简单一些的说法定义的自身。在计算中，这种"比自身简单的说法"就是要在计算结构相同的情况下，使计算规模逐渐减小。递归算法具有如下 3 个特点。

（1）递归程序一般编写成函数或过程（称为递归函数或递归过程）。

（2）在递归函数或递归过程中，通过直接或间接地调用自身来实现递归调用。在递归调用中，一定要把待求解的问题转化成为规模缩小了的同类问题，使得每次递归调用都使计算的规模小于上次，亦即更接近于得到最终解。

（3）通过不断缩小问题规模，在经过有限次的递归调用后，就应该达到递归终止条件，称为递归出口（即已能得到一个确切值。这时不再需要继续递归调用）。

因此，在使用递归算法时，必须要解决以下两个问题。

（1）递归关系式，也称为递归表达式或递归公式，解决用递归做什么的问题。

（2）递归终止条件，解决递归如何终止的问题，必须避免无休止的递归调用。

使用流程图方法描述递归算法比较困难，本书采用下述两种方法。

（1）以递归关系式的形式给出递归定义。

（2）以类似于详细设计说明书的形式描述递归算法。

例 3.25　用递归方法计算 $n!$。

【算法设计】大家知道，$1! = 1$

$$2! = 1 \times 2 = 1! \times 2$$

$$3! = 1 \times 2 \times 3 = 2! \times 3$$

$$\cdots\cdots$$

$$n! = 1 \times 2 \times 3 \times \cdots \times (n-1) \times n = (n-1)! \times n$$

这样，一个整数的阶乘值 $n!$ 就被描述成为一个规模较小的整数的阶乘值 $(n-1)!$ 与一个数 n 的乘积，其递归终止条件就是当 n 取值为 1 时，其阶乘值为 1（其值为已知的，不必再递归计算了）。写出的递归定义如下。

$$f(n) = \begin{cases} 1 & n = 1 \\ f(n-1) \times n & n \geqslant 2 \end{cases}$$

递归算法描述如下。

函数名：factorial。

函数参数：正整数 n。

函数值：n!。

算法过程如下。

```
IF  n=1
  THEN  t←1
  ELSE  t←factorial（n-1）×n
RETURN  t
```

例 3.26　用递归方法求 Fibnacci 数列的第 n 项（设 $n \geqslant 1$）。

【算法设计】Fibnacci 数列的递推公式已经在"迭代与递推算法"例 3.23 中给出。根据此递推公式可以看出，第 n 个 Fibnacci 数值被描述成为两个规模较小（第 $n-1$ 个和第 $n-2$ 个）Fibnacci 数值之和，而第 1 个和第 2 个 Fibnacci 数值为已知的（均为 1），这正符合递归关系式和递归终止条件的要求，故此可写出如下递归定义。

$$f(n) = \begin{cases} 1 & n = 1, 2 \\ f(n-1) + F(n-2) & n \geqslant 3 \end{cases}$$

递归算法描述如下。

函数名：Fib。

函数参数：正整数 n。

函数值：Fibnacci 数列的第 n 项。

算法过程如下。

```
IF  n=1 OR n=2
    THEN  t←1
    ELSE  t←Fib(n-1)+Fib(n-2)
RETURN  t
```

例 3.27 用递归方法实现求两个正整数 m 和 n 的最大公约数的欧几里德算法。

【算法设计】求两个正整数 m 和 n 的最大公约数的欧几里德算法已在 "3.4 迭代与递推算法" 例 3.22 中给出，此处修改同 3.22 相同的部分。

其中步骤③的实质就是将求 m、n 的最大公约数转化成了求 n、r 的最大公约数，这正是递归关系式，而步骤②正是递归出口，即递归终止条件为 $r=0$。因此，欧几里德算法的递归定义如下。

$$gcd(m,n)=\begin{cases} n & \text{如果} m \div n \text{的余数} r=0 \\ gcd(n,r) & \text{如果} m \div n \text{的余数} r \neq 0 \end{cases}$$

递归算法描述如下。

函数名：gcd。

函数参数：正整数 m、n。

函数值：m、n 的最大公约数。

算法过程如下。

```
r←m mod n
IF  r=0
    THEN  t←n
    ELSE  t←gcd(n,r)
RETURN  t
```

例 3.28 Hanio 塔问题。古代印度一寺庙的僧侣玩的一种游戏，据说游戏完成之日就是世界末日到来之时。游戏中，一块铜板上竖立起三根小柱子（编号为 A，B，C），在 A 柱上自下往上、由大到小顺序地串有 64 个金盘。游戏目标是将这 64 个金盘从 A 柱全部移到 B 柱上。移动时，必须通过这三根柱子移动，每次只能移动一个盘，而且不允许大盘压在小盘的上面。请设计算法，给出移动的步骤。

【算法设计】这个问题乍一看似乎很难，我们先看几个简单的移动过程，用 A→B 的形式表示将 A 柱最上面的一个盘子移到 B 柱上。

（1）如果 A 柱上只有 1 个盘子，要求移动到 B 柱上，移动过程为 A→B。

（2）如果 A 柱上有 2 个盘子，要求移动到 B 柱上，移动过程为 A→C、A→B、C→B。

（3）如果 A 柱上有 3 个盘子，要求移动到 B 柱上，移动过程为 A→B、A→C、B→C、A→B、C→A、C→B、A→B。

显然，在将盘子从 A 柱移到 B 柱过程中，需要借助于另一根柱子 C。同样的道理，如果要将盘子从某柱移到另一柱，就需要借助剩余的第三根柱。

那么，怎样考虑将 64 个盘子从 A 移到 B 呢？像上面那样直接一个盘一个盘地移这种思想方法就不太适用了，需换一个角度考虑这个问题。如果让某人甲移动 64 个盘子，他说如果某人乙会移动上面 63 个盘子，那我就会移动 64 个盘子。某人乙说如果某人丙会移动上面 62 个盘子，那我就会移动 63 个盘子。依此类推，需要移动 2 个盘子的人说，如果有人会移动上面的 1 个盘子，那我就会移动 2 个盘子。移动 1 个盘子是谁都会的。

上述思路可归纳总结为，把 n 个盘子从 A 移到 B（借助 C）的方法如下。

（1）先将 n-1 个盘子从 A 移到 C（借助 B）。

（2）将 1 个盘子从 A 移到 B。

（3）再将 n-1 个盘子从 C 移到 B（借助 A）。

可以看出，上述解决问题的方法就是典型的递归方法。这时，将移动 n 个盘子任务转换成为移动 n-1 个盘子任务，而递归的终止条件是当盘子数为 1 时，直接移动即可。

若使用 hanio（n，A，B，C）表示将 n 个盘子从 A 移到 B（借助 C）的过程，则其递归表达式表示如下。

$$hanio(n,A,B,C)=\begin{cases} A \to B & n=1 \\ \begin{bmatrix} hanio(n-1,A,C,B) \\ A \to B \\ hanio(n-1,C,B,A) \end{bmatrix} & n \geqslant 2 \end{cases}$$

递归算法描述如下。

过程名：hanio。

过程参数：盘子数 n，源柱 A，目的柱 B，借助柱 C。

算法过程如下。

```
IF  n=1
    THEN  输出 A→B
    ELSE  BEGIN
            Hanio(n-1, A, C, B)
            输出 A→B
            Hanio(n-1, C, B, A)
          END
RETURN
```

由上述移动过程可以推出，移动 n 个盘子共需移动 2^n-1 次，所以 64 个盘子的移动次数为 2^{64}-1 ≈ 1.85*10^{19}。假设每 1 秒能移动一次，则完成 64 个盘子的移动大约需要 5850 亿年。科学家从能源角度推测太阳系的寿命大约只有 150 亿年，印度僧侣"游戏完成之日就是世界末日到来之时"此言不谬也！

一般情况下，一个问题能用多种方法解决，比如，既可以使用递归方法，也能够使用其他方法如迭代法、回溯法等。递归算法的运行效率较低，需要付出较长的运行时间和较大的存储空间，所以一般不太提倡使用递归算法，但对于某些类型特殊问题，如 hanio 塔问题，使用非递归算法可能更复杂、更难于设计，而递归算法可能会更简洁，也更易于理解。

3.6　数组在算法中的应用

　　算法是用来加工处理数据的。很多数据处理任务需要加工处理的数据可能非常多，数据之间的关系也可能很复杂，为了提高数据处理的效率、节省计算机的存储空间，需要按一定的规则将这些数据组织起来，这就是所谓的"有结构的数据"。在数据处理领域中，建立数学模型有时并不十分重要，有些实际问题甚至是无法表示成数学模型的。人们感兴趣的是要明确数据集合中各数据元素之间存在什么样的逻辑关系（称为数据的逻辑结构）、各数据元素在计算机中的存储关系（称为数据的存储结构）以及对各种数据结构进行的运算操作（包括插入、删除、查找、更改和分析统计等）。

　　数据按照组织形式一般可分为线性结构和非线性结构两种基本结构形式。线性结构是一类较简单的数据结构，包括数组、字符串、栈、队列和链表等。非线性结构中数据元素之间的逻辑关系较复杂，可分为树形结构和网状结构两类，包括树和二叉树、图等。本节介绍在算法中如何使用数组。

　　数组是一种简单的线性数据结构。它用一个名字（称为数组名）存储多个同类型数据，这个数据类型称为数组的基类型，如基类型为整数类型的数组（简称为整型数组）、基类型为实数类型的数组（简称为实型数组）、基类型为字符类型的数组（简称为字符数组）等。数组中的数据称为数组元素，数组元素的个数称为数组的长度。例如，若需要定义一个数组 a，使它能够存储 20 个整型数据，则可描述为"定义整型数组 a[20]"。数组具有以下 4 个特点。

　　（1）数组元素的个数是有限的，各元素的数据类型均相同（即数组的基类型）。

　　（2）数组元素之间在逻辑上和物理存储上都具有顺序性，并用下标表达这种顺序关系。下标一般用整型常量或整型表达式表示，数组元素用"数组名[下标]"形式表达，称为下标变量，如 a[1]、a[15]、a[i]、a[i + j] 等。一个有 n 个元素的数组就有 n 个下标变量。对于同一个数组元素，不论其下标表达式的书写形式如何改变，只要它们值相等，就是同一个下标变量，例如，a[6]、a[3 + 3]、a[x*y]（设 x = 2，y = 3）都是同一个下标变量（数组元素）。本书规定，数组的下标值从 1 开始，最大值为该数组的长度。

　　（3）一个数组的所有元素在内存中是连续存储的。

　　（4）可以使用下标变量随机访问数组的任一元素，如对其赋值或引用其值。

　　前述的数组 a 只有一个下标，故称为一维数组，一维数组相当于一个向量。处理一维数组的基本方法是枚举法，通过按顺序（从前向后或从后向前）逐一枚举数组的下标值达到枚举数组元素（下标变量）的目的。具体到算法中，一般采用循环结构，将下标作为循环控制变量，在循环体中通过逐次修改循环控制变量的值实现将下标值逐个枚举出来。

　　具有两个下标的数组称为二维数组。它相当于一个矩阵，可以看作是一个 m 行 × n 列的二维表格。它的每一个元素用其行号和列号标识。例如，若需要一个 4 行 3 列的二维整型数组 a，可描述为"定义二维整型数组 a[4，3]"，其数组元素（即下标变量）的引用格式为"二维数组名[行下标，列下标]"，如上述数组 a 的元素依次为 a[1，1]、a[1，2]、a[1，3]、a[2，1]、…、a[4，3]。与一维数组规定相同，行下标和列下标用整型常量或整型表达式表示。二维数组在计算机中是按照"行优先"的顺序线性存储的，即按顺序先存储第 1 行的全部元素，然后存储第 2 行、第 3 行…的元素。

处理二维数组问题的基本方法也是枚举法，通过按顺序逐一枚举行下标和列下标的值来枚举出二维数组的全部元素。在算法中需要使用两重循环结构，外层循环枚举行下标、内层循环枚举列下标，则在内层循环体中就可以将全部数组元素逐一地枚举出来。这时二维数组元素的枚举顺序是按行枚举的，即按顺序先枚举第 1 行第 1 列、第 2 列……的元素，然后枚举第 2 行第 1 列、第 2 列……的元素，依此类推，最后枚举的是最后一行的第 1 列、第 2 列……的元素。当然，也可以采用外层循环枚举列下标、内层循环枚举行下标。这时二维数组元素的枚举顺序是按列枚举的。

当题目中的数据缺乏规律时，很难用前述的枚举法、迭代法把重复工作抽象为循环不变式来处理，但如果使用数组来存储这些数据后，它们就变得有序了，问题也就比较容易解决了。

3.6.1　数值数组的使用

这里说的数值数组是指数组的基类型是数值型的，如整型数组、实型数组等。数组的基类型还可以是其他数据类型，如字符类型、结构体类型等。本节以数值数组为例，介绍一些常用的适合数组处理的算法。实际上，这些算法思想也适用于其他类型数组的处理。

例 3.29　输入 20 个整数，并输出它们的平均值、大于平均值的数及其个数。

【算法设计】按照题目要求，需要先输入这 20 个整数，才能求出它们的平均值，然后还要用这 20 个数逐一的与平均值进行比较，才能输出大于平均值的数并计算它们的个数。这就要求输入的这 20 个整数必须能存储起来。要存储这 20 个数，就需要 20 个变量，这恰好符合数组的特点。因此，可以定义一个长度为 20 的整型数组 a 来存放输入的这 20 个数，用下标变量 a[1]，a[2]，…，a[20]来访问这 20 个数。算法流程图如图 3-61 所示。

算法分成上下两部分，对应使用了两个循环结构。上半部分即第一个循环完成的是边输入边计算累加和的工作，输入的数据直接存储在数组元素中，s 是存放累加和的变量。下半部分即第二个循环用这 20 个数组元素逐个与平均值比较、输出大于平均值的数并计数其个数，其中，变量 ave 用于存储平均值，变量 k 用于计数大于平均值数的个数。可以看出，上下两部分的循环结构本质上就是枚举，上半部分循环中枚举出来的数组元素参加输入和累加操作，下半部分循环中枚举出来的数组元素参加比较和输出操作。

例 3.30　某班有 30 名学生，已将他们的数学考试成绩存放在整型数组 a 中，并且他们的学号正好对应着数组的下标值。现要求设计算法，找出成绩为 90 的学生，如找到则输出他（们）的学号，若找不到则输出"未找到"信息。

【算法设计】这是一个顺序查找问题。

查找也称为搜索，是指在一个列表中，查找与指定的关键字值相等的数据元素。若找到则查找成功，输出该数据元素在列表中的位置。若找不到则查找失败，输出失败信息。在具体查找方法上有多种策略，包括顺序查找法、折半查找法、树表查找法、散列法等。

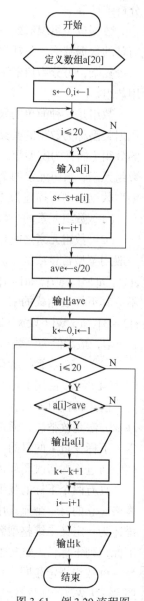

图 3-61　例 3.29 流程图

顺序查找法是一种最简单的查找策略，其特点是将线性表中的数据元素从头到尾逐一地与关键字进行比较，一直到查找成功或失败为止。实现顺序查找的算法策略属于枚举法，其枚举结束条件可有两种，一是需要找出所有与关键字值相等的元素才结束，二是只要找出第一个与关键字值相等的元素就结束。两种算法流程图分别如图 3-62 和图 3-63 所示。

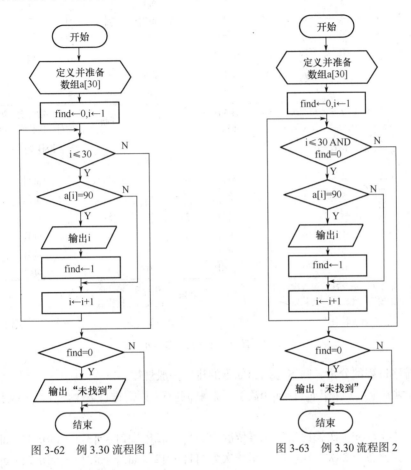

图 3-62　例 3.30 流程图 1　　　　图 3-63　例 3.30 流程图 2

算法中引入了一个标志变量 find，其初值为 0，若找到了与关键字值相等的元素则置 find 为 1。在图 3-62 中，find 只起到标识是否"查找到"的作用，若查找失败，find 的值保持初值 0 不变，因此在循环出口通过判断 find 的值即可知道是否查找失败。在图 3-63 中，find 不仅起到标识是否"查找到"的作用，而且还起到控制终止查找过程的作用，因为一旦 find 值等于 1，则循环控制条件"$i \leq 30$ AND find $= 0$"就不成立，循环立即结束。同样在循环出口通过判断 find 的值即可知道是否查找失败。

例 3.31　对输入的 10 个整数，采用冒泡排序法对它们升序排序，输出排序后的结果。

【算法设计】排序是计算机程序设计中一种常见操作。通过排序操作，使原先处于无序排列的数据，变为按照其值（或关键字）有序排列。如果数据是存放在数组中，有序排列是指按照数组下标的递增顺序将数组元素按要求（非递减或非递增）排列好。

实现排序的方法有很多，如交换法、选择法、插入法、归并法等，方法不同其排序效率也不同。冒泡排序法是一种典型的交换排序法，其基本思想是：从头到尾逐个扫描待排序数据，在扫描过程中依次比较相邻两个数据的大小，根据排序要求决定是否将这两个数据交换位置。重复上述过程直到排序完成。

下面以 6 个数据为例介绍冒泡排序过程。如图 3-64 所示，其中带方框的数据表示每次比较时参与比较的两个相邻数组元素。

	开始	第1次比较后	第2次比较后	第3次比较后	第4次比较后	第5次比较后
a[1]	7	5	5	5	5	5
a[2]	5	7	4	4	4	4
a[3]	4	4	7	7	7	7
a[4]	9	9	9	9	6	6
a[5]	6	6	6	6	9	1
a[6]	1	1	1	1	1	9

第 1 轮比较

	开始	第1次比较后	第2次比较后	第3次比较后	第4次比较后
a[1]	5	4	4	4	4
a[2]	4	5	5	5	5
a[3]	7	7	7	6	6
a[4]	6	6	6	7	1
a[5]	1	1	1	1	7
a[6]	9	9	9	9	9

第 2 轮比较

	开始	第1次比较后	第2次比较后	第3次比较后
a[1]	4	4	4	4
a[2]	5	5	5	5
a[3]	6	6	6	1
a[4]	1	1	1	6
a[5]	7	7	7	7
a[6]	9	9	9	9

第 3 轮比较

	开始	第1次比较后	第2次比较后
a[1]	4	4	4
a[2]	5	5	1
a[3]	1	1	5
a[4]	6	6	6
a[5]	7	7	7
a[6]	9	9	9

第 4 轮比较

	开始	第1次比较后
a[1]	4	1
a[2]	1	4
a[3]	5	5
a[4]	6	6
a[5]	7	7
a[6]	9	9

第 5 轮比较

图 3-64 冒泡排序法排序过程示意图

通过对排序过程的分析，归纳总结出如下的排序一般规律。

（1）设需对 n 个数（存于 a[1] ~ a[n] 数组元素中）排序，则需进行 n-1 轮比较—交换排序操作，具体如下。

第 1 轮：共比较 n-1 次，比较的元素依次为 a[1] ~ a[2]，a[2] ~ a[3]，…a[n-1] ~ a[n]。

第 2 轮：共比较 n-2 次，比较的元素依次为 a[1] ~ a[2]，a[2] ~ a[3]，…a[n-2] ~ a[n-1]。

……

第 n-1 轮：共比较 1 次，比较的元素依次为 a[1] ~ a[2]。

（2）一般的，第 i 轮（i = 1 ~ n-1）需比较 n-i 次，比较的相邻元素依次为 a[1] ~ a[2]，a[2] ~ a[3]，…a[n-i] ~ a[n-i + 1]。经过本轮比较—交换后，相对较大的数值就"下沉"到本轮的最底部。

（3）若用变量 j 控制第 i 轮比较中的比较次数，则 j = 1 ~ n-i，显然 j 也正好是每次比较的相邻元素的下标，即每次比较的是 a[j] ~ a[j + 1]，并根据比较结果决定是否进行交换。

（4）在绘制冒泡排序流程图时，需要使用两重循环，外层循环控制比较轮次 i（i = 1 ~ n-1），内层循环控制第 i 轮比较过程中的比较次序 j（j = 1 ~ n-i），在内层循环的循环体中，完成比较 a[j] ~ a[j + 1] 并根据比较结果决定是否进行交换。

根据本例题目要求，算法流程图中首先使用一个循环结构输入 10 个数到数组 a 中，然后进行冒泡排序，最后再使用一个循环结构输出排序后的结果。算法流程图如图 3-65 所示。

通过上述的冒泡排序过程可以看出，在比较—交换过程中，较小的数值像水中的气泡一样慢慢地从下向上"冒"，而较大的数值快速地往下沉，故称为"冒泡排序法"。

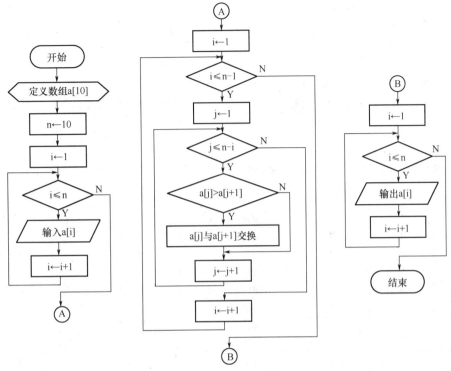

图 3-65　例 3.31 算法流程图

例 3.32　对输入的 10 个整数，采用选择排序法对它们升序排序，输出排序后的结果。

【算法设计】本例介绍的是一种直接选择排序法，也称为简单选择排序法，其排序思想是：从头到尾依次扫描待排序数据，找出其中的最小值并将它交换到数据的最前列。对其余的数据重复上述过程直到排序完成。

下面以 6 个数据为例介绍排序过程。如图 3-66 所示，其中，变量 m 记录本轮比较中每次比较后当前最小值的下标，带方框的数据是每次比较时与 a[m] 进行比较的数组元素。

通过对排序过程的分析，归纳总结出如下的排序一般规律。

（1）设需对 n 个数（存于 a[1] ~ a[n] 数组元素中）排序，则需进行 $n-1$ 轮比较选择，具体如下。

第 1 轮：m 初值为 1，共比较 $n-1$ 次，a[m] 依次与下列元素比较：a[2]，a[3]，…，a[n]

第 2 轮：m 初值为 2，共比较 $n-2$ 次，a[m] 依次与下列元素比较：a[3]，a[4]，…，a[n]

……

第 $n-1$ 轮：m 初值为 $n-1$，共比较 1 次，a[m] 与下列元素比较：a[n]

（2）一般来说，第 i 轮（$i = 1 \sim n-1$）比较时，m 的初值为 i，需比较 $n-i$ 次，用 a[m] 依次与 a[i + 1]，a[i + 2]，…，a[n] 进行比较，并根据比较结果修改 m 的值。一轮比较完毕后，将 a[m] 与 a[i] 进行交换。

（3）若用变量 j 表示第 i 轮比较中与 a[m] 比较的元素的下标，则 j = i + 1 ~ n。

（4）在绘制选择排序流程图时，需要使用两重循环，外层循环控制比较轮次 i（$i = 1 \sim n-1$），内层循环控制第 i 轮比较过程中与 a[m] 比较的元素的下标 j（$j = i + 1 \sim n$），在内层循环的循环体中，完成比较 a[m] ~ a[j] 并根据比较结果决定是否修改 m 的值。一轮比较完毕后，将 a[m] 与 a[i] 的进行交换。

根据本例题目要求，算法流程图中首先使用一个循环结构输入 10 个数到数组 a 中，然后进行选择排序，最后再使用一个循环结构输出排序后的结果。算法流程图如图 3-67 所示。

	第1次比较后	第2次比较后	第3次比较后	第4次比较后	第5次比较后	a[m]与a[1]交换后
a[1]	7	7	7	7	7	1
a[2]	5	5	5	5	5	5
a[3]	4	4	4	4	4	4
a[4]	8	8	8	8	8	8
a[5]	9	9	9	9	9	9
a[6]	1	1	1	1	1	7
m 初值为 1	2	3	3	3	6	

第 1 轮比较

	第1次比较后	第2次比较后	第3次比较后	第4次比较后	a[m]与a[2]交换后
a[1]	1	1	1	1	1
a[2]	5	5	5	5	4
a[3]	4	4	4	4	5
a[4]	8	8	8	8	8
a[5]	9	9	9	9	9
a[6]	7	7	7	7	7
m 初值为 2	3	3	3	3	

第 2 轮比较

	第1次比较后	第2次比较后	第3次比较后	a[m]与a[3]交换后
a[1]	1	1	1	1
a[2]	4	4	4	4
a[3]	5	5	5	5
a[4]	8	8	8	8
a[5]	9	9	9	9
a[6]	7	7	7	7
m 初值为 3	3	3	3	

第 3 轮比较

	第1次比较后	第2次比较后	a[m]与a[4]交换后
a[1]	1	1	1
a[2]	4	4	4
a[3]	5	5	5
a[4]	8	8	7
a[5]	9	9	9
a[6]	7	7	8
m 初值为 4	4	6	

第 4 轮比较

	第1次比较后	a[m]与a[5]交换后
a[1]	1	1
a[2]	4	4
a[3]	5	5
a[4]	7	7
a[5]	9	8
a[6]	8	9
m 初值为 5	6	

第 5 轮比较

图 3-66　选择排序法排序过程示意图

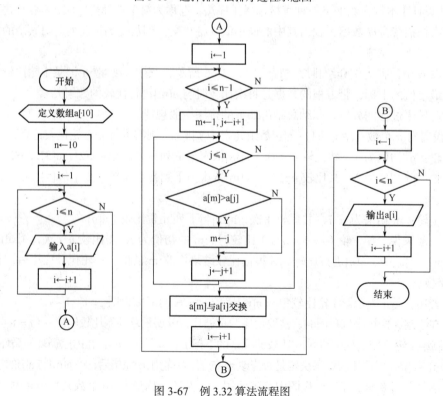

图 3-67　例 3.32 算法流程图

例 3.33　幸运的获奖者。某商场举办一次幸运抽大奖活动，共有 100 名参与抽奖的顾客，获奖者只有 1 人。抽奖方法是：在地上画一个大圆圈，圆圈上按顺序标有 1，2，3，…，100 位置号，这 100 名顾客每人站在一个位置号上。从 1 号位开始按顺序循环报数，报到 7 的人从圈中退出，从下一个人开始重新报数，直到圆圈内只剩 1 人，此人即为获奖者。问你应该选择站在几号位才能获得此大奖？

【算法设计】采用数组表示圆圈，数组的下标相当于圆圈上的位置号，数组元素表示该位置上的顾客，其值为 1 表示该顾客在圈内，为 0 则表示已退出，显然数组元素的初值均为 1。报数时，要先检查该数组元素值是否为 1，若为 1 则报数，否则就要跳过该元素。设置一个报数计数器 k，k 的初值为 0。每当有 1 人报数后，k 的值增 1，当 k = 7 时，该人从圈中退出，即将该数组元素的值置为 0，k 的值恢复为 0。每当报数检查了数组最后一个元素 a[100] 后，就从 a[1] 开始继续检查。

算法中，还要设置一个圈内剩余人数计数器 s，其初值为原顾客数 100，每当有人从圈中退出时，s 的值减 1。这样，当 s 的值等于 1 时，报数过程结束，从 100 个数组元素中找出值仍为 1 的元素，它的下标值即为幸运者的编号。

算法流程图如图 3-68 所示。

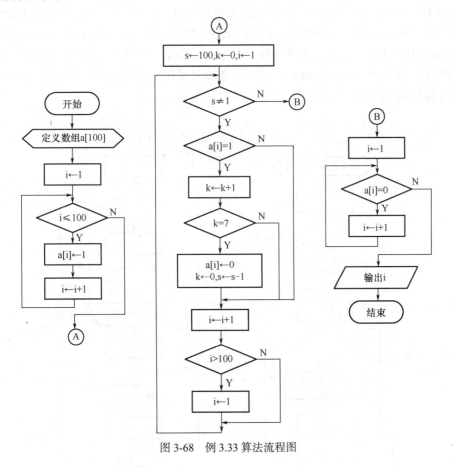

图 3-68　例 3.33 算法流程图

例 3.34　要求输出 10 行杨辉三角形数据。

【算法设计】杨辉三角形数据如下。

$$
\begin{array}{ccccccccc}
 & & & & 1 & & & & \\
 & & & 1 & & 1 & & & \\
 & & 1 & & 2 & & 1 & & \\
 & 1 & & 3 & & 3 & & 1 & \\
1 & & 4 & & 6 & & 4 & & 1
\end{array}
$$
$$\cdots\cdots\cdots\cdots\cdots\cdots\cdots\cdots$$

可将杨辉三角形数据书写格式做如下变形。

$$
\begin{array}{ccccc}
1 & & & & \\
1 & 1 & & & \\
1 & 2 & 1 & & \\
1 & 3 & 3 & 1 & \\
1 & 4 & 6 & 4 & 1
\end{array}
$$
$$\cdots\cdots\cdots\cdots\cdots\cdots$$

杨辉三角形数据的规律是：每行数据个数恰好等于其行号，每行第 1 列元素和主对角线元素的值均为 1，其余元素值等于其上一行同列数据与前一列数据的和。

因为题目要求输出 10 行杨辉三角形数据，所以需要用一个 10 行 10 列的二维整型数组来存储这 10 行数据。为便于理解，本例把算法分成两部分，先计算出所有 10 行杨辉三角形数组元素值，然后再输出这 10 行数据，算法流程图如图 3-69 所示。读者可以将此算法修改成边计算数组元素边输出的形式。请注意，在计算和输出过程中，都需要采用两重循环结构，外层循环 i 控制行号，内层循环 j 控制列号，数组元素的计算和输出都是按行进行的。

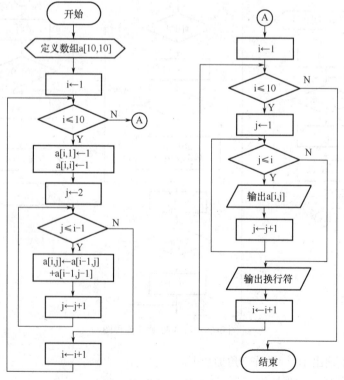

图 3-69　例 3.34 算法流程图

3.6.2　字符串处理

在计算机信息处理中，按处理数据的类型和工作性质可分为两类，一类是数值计算或称为科学计算，另一类是非数值数据的处理，如人名、地名、书名、身份证号码、电话号码、银行账号等数据的存储、检索、排序等都属于非数值数据处理。统计表明，在世界各地计算机应用中，目前非数值数据处理任务已占据大部分的计算机处理时间和工作量。

在计算机中，非数值数据通常用字符串来表达和存储。字符串是一个字符序列，其中含有 0 个或多个字符。为了区分字符串的字符序列与其他表示符号名的字符序列，书写时将字符串的字符序列用一对双引号括起来，如"hello world!"。字符串中字符的个数称为字符串的长度，如上例的长度为 12。

在程序设计时，一般是将字符串存储到一个字符数组中，其中的每个字符实际存储的是它的 ASCII 码。存储字符串的字符数组的长度可以比较大，但其中实际存储的字符串的长度可能小于数组长度，即字符串不必占满整个数组。那么，怎样才能知道哪个是存储在字符数组中的字符串的最后一个字符呢？为了解决这个问题，规定在存储字符串时，在其最后一个字符后增加一个标识字符串结束的特殊字符，其 ASCII 码值为 0。例如字符串"ABC"实际存储的是 4 个 ASCII 码值，分别为 65、66、67、0。这样，在处理字符串时，一旦遇到了该特殊字符就表示字符串的最后一个字符已处理完，即字符串已经处理结束，因此常常将此特殊字符称为字符串结束标志符。需要注意的是，通常不把字符串结束标志符看做是字符串的一部分，求字符串长度时结束标志符也不计算在内。但是，字符串后必须要有字符串结束标志符，没有字符串结束标志符也就不能称为字符串。

例 3.35　求键盘输入的一个字符串的长度。

【算法设计】用一个字符数组 a 存储输入的字符串。显然题目是一个枚举问题，需将字符串中的字符从头到尾枚举一遍，即从 a[1] 开始，依次检查每一个数组元素（即字符）是否等于结束标志（值为 0）。如等于 0 则枚举结束，字符串的长度等于 i-1。若不等于 0，则继续枚举下一个字符。算法中使用循环结构实现枚举过程，循环控制变量为 i，其初值为 1，每循环一次 i 的值增 1。循环结束条件为当 a[i]＝0 时（即遇到字符串结束符）。因为题目要求是求字符串长度，循环结束后长度值即为 i-1，循环内不需要做其他工作，因此循环体为空。算法流程图如图 3-70 所示。

例 3.36　键盘输入一个字符串到字符数组 a 中，将字符串 a 复制到字符数组 b 中。

【算法设计】这仍是一个枚举问题，需要将 a 串中的字符逐个枚举出来并复制到数组 b 中，直到遇到结束标志符，注意此结束符也要复制到 b 中。算法用两种循环结构实现，如图 3-71 和图 3-72 所示。循环控制变量均为 a[i]，循环控制条件均为 a[i]≠0，请读者注意它们的区别。

例 3.37　键盘输入两个字符串分别存入字符数组 a、b 中，将 b 串连接到 a 串之后，得到一个新的字符串 a。

【算法设计】设输入的 a 串为"good"，b 串为"night"，则连接后 a 串内容为"goodnight"。算法思想是首先找到 a 串的结束符，然后将 b 串中的字符逐个复制到 a 串中从结束符开始的位置，注意最后结束符也

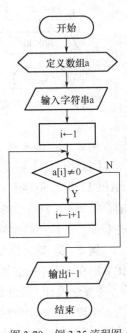

图 3-70　例 3.35 流程图

要复制过去。找 a 串结束符的方法参见本节例 3.35，字符串复制的方法参见本节例 3.36，两个算法稍加修改合起来就得到字符串连接的算法，如图 3-73 所示。

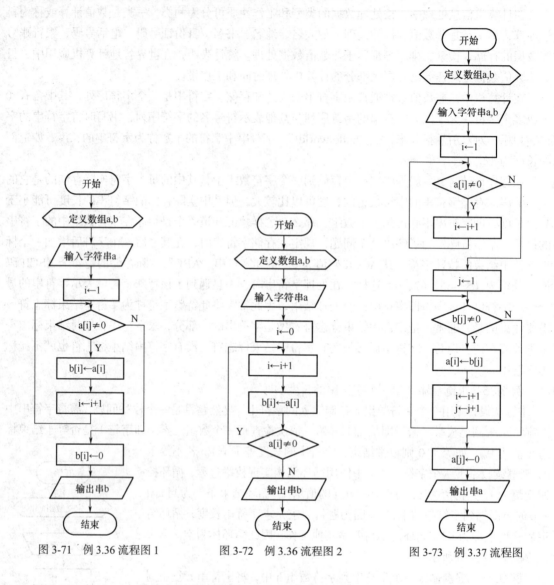

图 3-71　例 3.36 流程图 1　　　　图 3-72　例 3.36 流程图 2　　　　图 3-73　例 3.37 流程图

例 3.38　输入一个字符串到字符数组 a 中，从中删去所有的"#"字符，得到一个新串。

【算法设计】假设输入 a 的字符串为"#ABC#12###34##"，则删去所有的"#"后的结果为"ABC1234"，仍存于 a 中。算法流程图如图 3-74 所示，算法思路是将 a 中的字符逐个枚举出来，直到结束符。对枚举的每一个字符 a[i]，判断是否是"#"，若是就不复制到 a[j]，否则就复制到 a[j] 并且使 j 增 1。i 是枚举字符的下标，j 是新串的下标，它们的初值均为 1。

例 3.39　输入两个字符串分别到字符数组 a、b 中，查找 a 串中是否包含有 b 串，若有则输出 b 串在 a 串中的起始位置，若没有则输出未找到信息。

【算法设计】假设 a 串为"abcdefgh"，b 串为"def"，它们在数组中的存储情况如图 3-75 所示。为便于理解，图中仍然将字符串的内容写成字符形式，而实际上存储的是字符的 ASCII 码，其中最后一个 0（不是字母 o，而是数值 0）是字符串结束标志符。查找算法的思路如下。

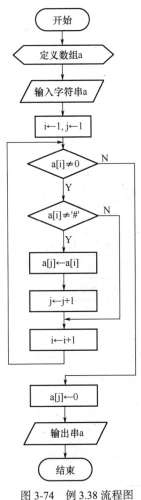

图 3-74　例 3.38 流程图

	1	2	3	4	5	6	7	8	9	
a	a	b	c	d	e	f	g	h	0	...

	1	2	3	4	
b	d	e	f	0	...

图 3-75　例 3.39 字符串存储示意图

（1）从数组 a 的第 1 个元素开始，逐个与 b[1]比较，若不相同，则用 a 的下一元素字符继续与 b[1]比较，直到遇到 a 的结束符，说明未找到。

（2）若遇到某个 a[i]与 b[1]相同，则从此开始逐个比较两者后面的字符，即逐个比较 a[i + 1]~ b[2]、a[i + 2]~ b[3]、…，直至遇到 b 串的结束符或两者某字符不相同。若是前者，说明在 a 串中找到了 b 串，则在输出位置信息（b 串在 a 串中的起始位置为当前 i 的值）后终止查找。若是后者，说明不是 b 串，则从 a 串的下一个字符重新开始与 b[1]比较。

（3）为标识是否找到了 b 串，引入一个"找到"标志 find，初值为 0，表示未找到。

（4）当 a[i]与 b[1]相同时，先将 find 置为 1。若在后续比较 a[i + 1]~ b[2]、a[i + 2]~ b[3]、…的过程中发现两者有不同字符时，将 find 置回为 0。

算法流程图如图 3-76 所示。如果 a 串中多次包含 b 串，此算法也只输出第一个 b 串在 a 串中的起始位置。如果希望找到并输出在 a 串中每一个 b 串的起始位置，算法如何修改？请读者思考。

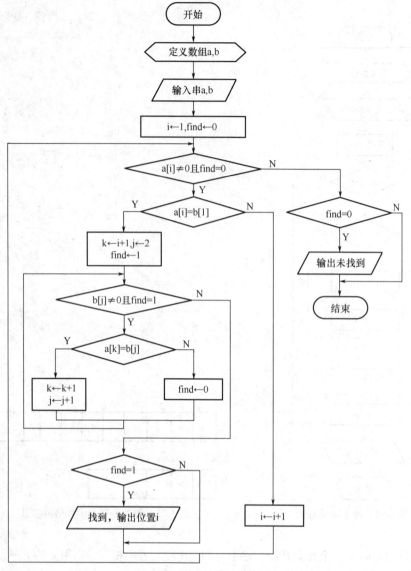

图 3-76　例 3.39 算法流程图

3.7　优化算法的基本技巧

　　完成某项任务的软件系统的性能与两个因素密切相关，即所选择的算法和算法具体实现的效率。一个好的算法不仅要保证其正确性，而且要运行效率高、占用空间小、简洁清晰、易读易懂。因此，对算法进行优化就是一项十分重要的工作。优化算法可以从多个方面考虑，主要包括如下。

　　（1）选择高效的数学模型。一项计算任务，使用不同的数学工具可能建立不同的数学模型。这时，需要在对它们进行分析比较的基础上，选择一个最恰当、最高效的数学模型进行算法设计。

　　（2）选择合适的算法策略。对同一个任务，可能有不同的算法策略，如枚举法、迭代法、递归法、贪心法、动态规划法等。算法策略的选择对算法的效率和可读性都有很大的影响。例如，例 3.23 和例 3.26 都是计算 Fibnacci 数列的算法，及例 3.22 和例 3.27 都是求最大公约数的算法，虽然四者都分别使用了迭代法和递归法，但它们在运行时间效率、空间效率以及算法的可读性方面都有较大差别。

（3）选择恰当的数据结构。算法的优劣与数据的组织方式密切相关，数据结构的选择不仅影响到算法策略的选择，也对算法的效率和可读性有很大的影响。例如，在例 3.26 幸运的获奖者中使用数组表示圆圈、顾客编号和顾客是否在圈内的状态，也可以使用环形链表存储和表达顾客及其状态，而且使用环形链表的算法无论在运行效率上还是在可读性上都优于使用数组的算法。一般来说，通过选择数据结构来优化算法的方法通常是以牺牲空间效率来换取提高时间效率。

（4）巧妙地使用运算功能，对某些算法可提高运行效率。

（5）通过设置一些标志变量，可使某些算法更清晰简洁、易读易懂。

（6）通过将非数值信息数字化，可帮助人们解决一些看起来难以解决的非数值问题。

在算法设计和具体实现时，常常要从多方面入手，综合采用多种优化技术，以达到使算法"更优更好"的目的。

3.7.1 选择高效的数学模型

采用不同的数学工具可能得到不同的数学模型，而数学模型还可以进一步简化和优化。数学模型在很大程度上决定了算法的效率和可读性，因此对数学模型的选择和优化对算法设计非常重要。例如，已知如下二项式的展开式。

$$(x+y)^n = C_n^0 x^n + C_n^1 x^{n-1} y + C_n^2 x^{n-2} y^2 + \cdots + C_n^n y^n$$

如果利用组合数学知识，直接建模去求展开式的各项系数，则得到如下等式。

$$C_n^m = \frac{n!}{m!(n-m)!} \qquad m = 0,1,2,\cdots,n$$

这种算法中包含有大量的乘除运算，显然它的效率很低。

如果再进行分析，则会发现，上述多项式的各项系数符合杨辉三角形规律，具体如下。

$(x+y)^0$ 1

$(x+y)^1$ 1   1

$(x+y)^2$ 1   2   1

$(x+y)^3$ 1   3   3   1

$(x+y)^4$ 1   4   6   4   1

    ……

利用这一规律，再使用一维数组或二维数组，只需做一些简单的加减法运算就可计算出多项展开式各项的系数，效率明显大大提高了。下面再看一个简单例子。

例 3.40 百钱买百鸡问题的优化。

【算法设计】在"3.3 枚举法"一节的例 3.17 中，已经给出了此问题的一种算法，即根据如下方程组做枚举。

$$\begin{cases} x+y+z=100 \\ 5x+3y+z/3=100 \end{cases}$$

通过枚举公鸡数 x（0~20）、母鸡数 y（0~33），计算出小鸡数 $z = 100-x-y$，并判断总钱数是否等于 100，来求得问题的解。从图 3-49 可以看出，此算法的使用了两重循环结构，其内层循环

的循环体共需执行 $21 \times 34 = 714$ 次。

将算法使用的数学模型进一步简化，即把原方程组中的变量 z 消去，得到方程 $7x + 4y = 100$，再转换得 $y = (100-7x)/4$。

根据此方程，可以用如下算法实现问题的求解：枚举公鸡数 x（$0 \sim 14$），由方程计算出母鸡数 $y = (100-7x)/4$ 及小鸡数 $z = 100-x-y$，判断总钱数是否等于 100。算法流程图如图 3-77 所示，此算法只需使用一重循环，循环体只需执行 15 次，算法效率得到显著提高。

3.7.2　巧妙利用算术运算功能

算术运算简单易懂。通过将某些高强度的算术运算转化为低强度运算，可以提高算法的运算效率，例如，计算多项式 $y = x^5 + 8x^4-7x^3-3x^2+x-6$ 时，如果直接使用幂函数或指数运算符来计算 x^5、x^4、x^3、x^2，运算效率较低，而如果将原多项式变形为 $y = ((((x+8) \times x-7) \times x-3) \times x+1) \times x-6$，计算工作量明显减少，运算效率也会明显提高。

除了降低运算强度外，巧妙地利用算术运算功能还可以将较复杂的数据处理工作转化为简单的算术运算，以此提高算法效率。例如，某班有 35 人，期末评选优秀学生的条件之一是本学期 7 门课中，至少 5 门课的考试成绩高于 90 分，其余课的成绩高于 85 分，如何找出符合此条件的学生呢？首先，直接由给出的评选条件写逻辑表

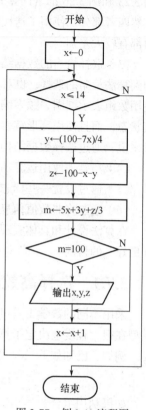

图 3-77　例 3.40 流程图

达式看起来似乎很复杂，但如果将条件描述修改为"7 门课的成绩均高于 85 分，且至少 5 门课的成绩高于 90 分"就将问题简化了。其次，设用二维数组 a 存储该班 35 人 7 门课的成绩，则第 i 号（$i = 1 \sim 35$）学生 7 门课的成绩是如下 7 个变量：a[i, 1], a[i, 2], …, a[i, 7]。要表达"7 门课的成绩均高于 85 分"这个条件，需使用 7 个关系表达式，但要表达"至少 5 门课的成绩高于 90 分"这个条件，则需写出 $C_7^5 = 21$ 组逻辑表达式，且每组逻辑表达式中要有 5 个关系表达式。显然这种算法书写起来非常繁琐，运行效率也很低。

如果利用程序设计语言中关系表达式（如 x>y）的值成立时为 1、不成立时为 0 的特点，判断第 i 号学生是否符合"至少 5 门课的成绩高于 90 分"条件的逻辑表达式就可写成关系式（(a[i, 1]>90) + (a[i, 2]>90) + … + (a[i, 7]>90)）≥5。如果关系式成立则该学生符合此项条件，否则不符合。类似的方法，条件"7 门课的成绩均高于 85 分"可写成关系式（(a[i, 1]>85) + … + (a[i, 7]>85)）= 7。两个条件合起来写为关系式（(a[i, 1]>85) + … + (a[i, 7]>85) + (a[i, 1]>90) + … + (a[i, 7]>90)）≥12。在设计算法时，可以将上述关系式左侧的 14 个子关系式相加运算用一个循环结构实现：循环控制变量为 j（$j = 1 \sim 7$），累加和为 s（初值为 0），循环体中进行累加运算 s←s + (a[i, j]>85) + (a[i, j]>90)，循环结束后判断 s≥12 就可确定第 i 号学生是否符合评优条件。

通过上述方法，就把这个繁琐复杂的数据处理问题转化成了简单高效的算术运算问题了。

例 3.41　警察抓了 A、B、C、D 四名盗窃嫌疑犯，其中只有 1 人是小偷。审问中，A 说"我不是小偷"，B 说"C 是小偷"，C 说"小偷肯定是 D"，D 说"C 在冤枉人"。他们中只有 1 人说的是假话。问谁是小偷？

【算法设计】解决此问题的方法采用枚举法。设枚举变量为小偷 x，其值从'A'到'D'逐个枚举一遍。判断条件是他们四人中只有 1 人说假话，或即 3 人说真话。怎么判断他们说话的真假呢？可以用如下的关系式表达：A 说"我不是小偷"可表示成 $x \neq 'A'$，该式成立（即值为 1）表示 A 说的是真话，否则为假话。同样，B、C、D 的话可分别表达为 $x = 'C'$、$x = 'D'$、$x \neq 'D'$，因为他们四人中只有 1 人说假话，即这四个关系式中必定有三个成立，则判断他们四人中 3 人说真话的关系式就是 $((x \neq 'A') + (x = 'C') + (x = 'D') + (x \neq 'D')) = 3$，若该式成立则 x 的当前枚举值就是小偷，否则继续枚举下一个。算法流程图如图 3-78 所示。

例 3.42 某监狱对囚犯进行一次大赦活动，让一狱吏 m 次通过一排锁着的 n 间牢房，每通过一次，按所定规则转动 n 间牢房中的某些门锁，每转动一次，原来锁着的被打开，原来打开的被锁上。通过 m 次后，门锁开着的牢房中的犯人将获释，否则继续坐牢。

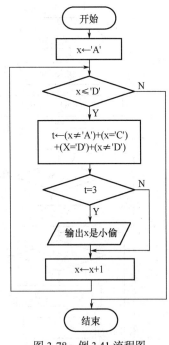

图 3-78　例 3.41 流程图

转动门锁的规则是这样的，第一次通过牢房，从第 1 间开始要转动每一把门锁，即把全部锁打开；第 2 次通过牢房时，从第二间开始转动，每隔一间转动一次；……；第 k 次通过牢房，从第 k 间开始转动，每隔 k-1 间转动一次；问当走过 m 次后，哪些犯人将被释放？n 和 m 的值由键盘输入。

【算法设计】采用有 n 个元素的数组 a 表示 n 间牢房，数组元素 a[k]的下标 k 代表牢房编号，数组元素的值表示该间牢房门锁的状态，0 代表处于锁上状态，1 代表处于打开状态。如何表达第 k 号牢房门锁在打开和锁上之间转换呢？很自然的想法就是判断 a[k]的值，若为 0 则重新赋值为 1，若为 1 则重新赋值为 0。在此不采用这种方法，而使用一个很简单的算术运算 a[k]←1-a[k]就可以很好地解决了这个问题。算法流程图如图 3-79 所示，其中，处理框"将元素 a[1]~a[n]置为 0"、输出框"输出结果"需细化为图中右侧两个流程图。

算法中，采用了两重循环结构，外层循环 i 的值从 1 到 m 变化，代表狱吏 1 到 m 次的走过各牢房门口，内层循环 k 代表狱吏第 i 次走过时要转动门锁的牢房号，其值为从 i 开始，每次递增 i，最大值不能超过 n。

3.7.3　设置标志量

所谓标志量是指在算法中设置的一个变量，以其取值的不同来标识算法中不同的处理情况或状态。通过对标志量的设置和处理，可达到优化算法结构、提高算法的可读性或提高算法运行效率的目的。

在例 3.18（判断是否素数）、例 3.30（顺序查找）和例 3.39（查找子串位置）等 3 个算法中，已经使用过标志量 flag 或 find。正如在例 3.18 中所讲述的那样，通过使用标志 flag，优化了算法的循环结构，使之更符合结构化设计的原则要求。在例 3.39 中通过设置标志 find，不仅起到了优化循环结构的作用，而且在比较 a 串中的子串是否与 b 串相同的过程中还起到了重要的标志作用。再看下面一个例子。

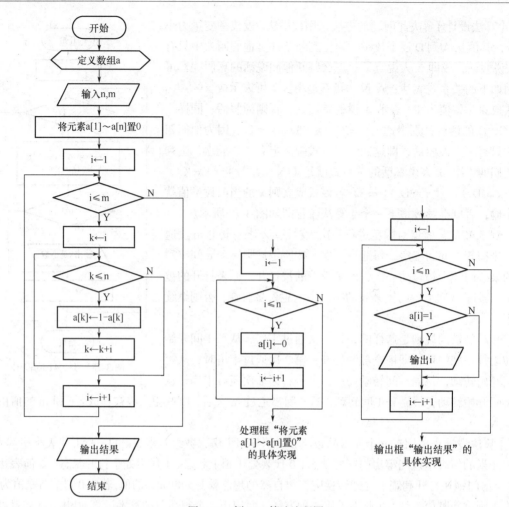

图 3-79　例 3.42 算法流程图

例 3.43　冒泡排序法的改进。

【算法设计】在例 3.31 中已经介绍了冒泡排序算法，对于 n 个待排序数据，经过 $n-1$ 轮、每轮 $n-i$ 次比较—交换后，即可将数据按要求顺序排列好。但该算法存在一个明显的缺点，假设给出的初始待排序数据已经是从小到大有序的，该算法仍要进行 $n-1$ 轮、每轮 $n-i$ 次的比较操作，显然这种做法不太合理。实际上，如果在某轮比较中发现没有进行过交换操作，说明数据已经排好序了，不再需要进行下一轮的比较操作了。

当然，原始数据就已经是有序的情况并不多见，更多的情况是不必进行全部 $n-1$ 轮比较—交换，只需进行前几轮后数据就是排好序的了，例如，若 10 个初始数据为 1、2、9、3、4、5、8、6、6、7，则在经过 2 轮比较—交换后数据就已排好序了，第 3 轮比较过程中不会发生交换操作，因此就不必进行第 4 轮及以后轮次的比较了。

为了记录在一轮比较中是否进行过交换操作，需要引入一个标志 flag，flag = 0 表示未发生过交换操作，flag = 1 表示进行了交换。在每轮比较开始前，先将 flag 置为 0，在本轮比较过程中如果进行了交换操作，则将 flag 置为 1。在判断是否要进行下一轮比较—交换的循环控制中，就不能仅仅用比较次数是否达到 $n-1$ 轮来判断了，还需增加一个根据 flag 值决定是否进行下一轮比较的条件。这样，循环控制的条件就变为 i≤n-1 AND flag = 1，即 "尚未完成 $n-1$ 轮比较，并且上轮比较中发生过交换"。如果此条件成立，就要继续进行下一轮比较；否则，即为"已完成 n-1 轮比较，或上轮比较中未发生过交换"。两种情况都意味着数据已排好序，可以终止排序操作了。算法流程图如图 3-80 所示。需要说明的是，flag 的初始值置为 1，是为了能够进入第 1 轮比较—交换流程。

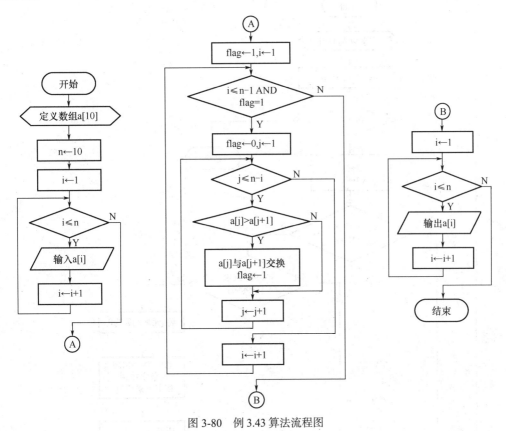

图 3-80　例 3.43 算法流程图

例 3.44　某人年龄的 3 次方是 4 位数，4 次方是 6 位数，且 3 次方和 4 次方用遍了 0～9 这 10 个数字。求此人的年龄。

【算法设计】设 y 为年龄，y3 为年龄的 3 次方，y4 为年龄的 4 次方，k 表示从 y3、y4 逐次分解出的各位数字，数组 a 的 10 个元素 a[1]～a[10]记录对应数字 0～9 是否在某个年龄的 y3、y4 中出现过（初值均为 0，一旦出现就置为 1），如果某个年龄的 y3 和 y4 用遍了 0～9 这 10 个数字，则数组 a 的这 10 个元素值的和就应该等于 10。

本题算法采用枚举法。根据题目描述，粗略估计出 y 的值最小为 10，因此将 y 的值从 10 开始枚举（逐次递增 1），直到找到了符合题目要求的年龄值或超出了年龄要求的范围（即年龄的 3 次方超过了 4 位数或 4 次方超过了 6 位数）时则结束枚举。

为了解决这种有两个枚举结束条件的问题，需要设置一个标志变量 find，其初值为 0，当找到了符合题目要求的年龄值或超出了年龄要求的范围时，将 find 置为 1。因此，在控制枚举过程的循环结构中，使用判断标志变量 find 的值是否等于 0 作为循环控制条件。当 find = 1 时，表示已经找到了符合题目要求的年龄值或已经超出了年龄要求的范围，则结束循环。当 find = 0 时，需要继续枚举年龄 y 的下一个值去判断是否符合要求。

算法流程图如图 3-81 所示。为了便于绘制流程图，将流程图中"将 a 元素均置为 0"、"将 y3、y4 中出现的数字在 a 中相应元素置为 1""计算 a 元素的和 s"三个处理框单独细化，如图 3-82 所示，请读者注意。

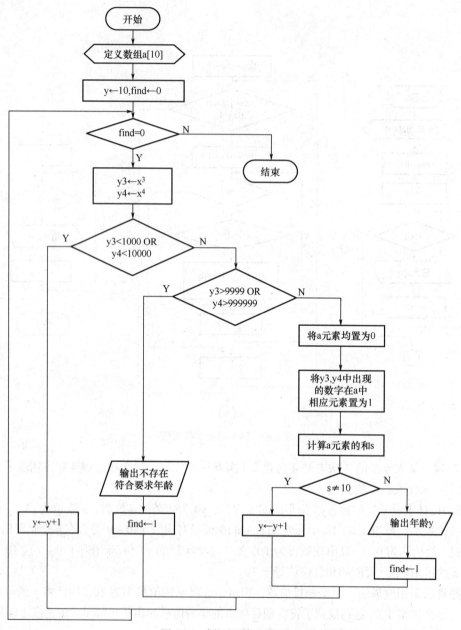

图 3-81 例 3.44 算法流程图

本算法有 3 个巧妙之处，一是用数组 a 的 10 个元素来记录对应数字 0～9 是否在某个年龄的三次方、四次方值中出现过，二是用数组的 10 个元素值的和是否等于 10 来判断是否用遍了 0～9 这 10 个数字，三是用标志变量 find 来控制是否继续枚举。算法的其他处理过程请读者自己阅读理解。

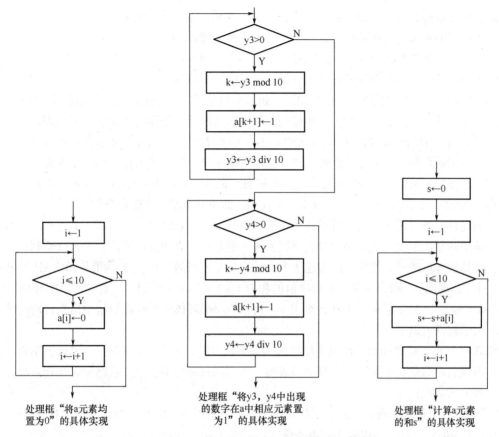

处理框"将a元素均置为0"的具体实现

处理框"将y3，y4中出现的数字在a中相应元素置为1"的具体实现

处理框"计算a元素的和s"的具体实现

图 3-82　例 3.44 算法流程图中三个功能框的具体实现

3.7.4　将非数值信息数字化

计算机不仅能完成数值计算工作，还能执行数据处理任务，如对各种多媒体信息（如图形、图像、声音等）、日常生活工作中各种非数值数据的存储和处理，当然前提条件是将这些信息转换成计算机能识别的形式。这个转换的过程称为数字化。本章前面列举的绝大多数都是数值运算操作的例子，只有例 3.34（谁是小偷）、例 3.35（开锁问题）两个例子需要先将题目描述的非数值问题数字化后进行数据处理。如在例 3.34 中，将小偷用'A'、'B'、'C'、'D'代表，将四个人所说的 4 句话表达为 x≠'A'、x = 'C'、x = 'D'、x≠'D' 四个关系表达式，将判断 x 是否是小偷的问题转化为用判断这四个表达式的和是否等于 3 来表示。这些题目表面上看是非数值问题，但对其数字化后，就可以运用数学方法进行操作处理了。下面再介绍几个这方面的例子，希望大家能掌握这些方法。

例 3.45　小王、小张、小赵是好朋友，他们中一个人下海经商，一个人考上了大学，一个人参军了。此外，还知道他们以下条件：小赵的年龄比士兵的大；大学生的年龄比小张小；小王的年龄和大学生的年龄不一样。请推出这 3 个人中谁是商人？谁是大学生？谁是士兵？

【算法设计】解决此问题的关键是将题目给出的信息数字化，再在数字化之后建立问题的数学模型。

题目所求的目标为 3 个人各自的职业，需要将人和职业数字化。分别用 a、b、c 来表示小王、小张、小赵，而 3 种职业商人、学生、士兵分别用 1、2、3 表示。将题目中描述的条件转化为如下的数学关系式（注意：题目描述中提到了年龄，年龄只是为了描述这 3 个人与其职业之间的关系，以便根据这些关系写出如下的关系式，年龄本身并不需要数字化）。

（1）小赵的年龄比士兵的大，说明小赵不是士兵，即 $c \neq 3$。

（2）大学生的年龄比小张小，说明小张不是学生，即 $b \neq 2$。

（3）小王的年龄和大学生的年龄不一样，说明小王不是学生，即 $a \neq 2$。

（4）分析（1）（2）中的描述可以知道，如果小赵是学生、小张是士兵，那么（1）（2）的描述就是相互矛盾的，故小赵是学生、小张是士兵两种情况是不能同时成立的，即不能有（C=2）AND（B=3），可写成 NOT（（C=2）AND（B=3））。注意，这种条件不是题目中显式给出的，而是经过分析后得到的，称之为隐藏条件，它们起到了排除掉显式条件中相互矛盾成分的作用。

（5）根据题意可知，a、b、c 的值应互不相同，表达为（$a \neq b$）AND（$a \neq c$）AND（$b \neq c$），也可写成 NOT（（a=b）OR（a=c）OR（b=c））。此条件也是一个隐藏条件。

此类题目一般采用枚举法，可用三重循环分别将 a、b、c 每一个的值从 1 枚举到 3，在最内层循环体中判断此组枚举值是否同时满足以上 5 个关系式。算法流程图请读者自行绘制。

上述算法可以进一步优化。因为这 3 个人的职业互不相同，当 a、b 的值枚举出来后，c 的值就确定了（c=6-a-b，因为 3 种职业数字值的和为 1+2+3=6），因此，只要用两重循环分别将 a、b 的值从 1 枚举到 3，c 的值由上式计算出来，再在内层循环体中判断此组枚举值是否同时满足以上 5 个关系式就可以了。

例 3.46 有三位教师对某次竞赛结果预测如下：甲说，张第一，王第三；乙说，李第一，赵第四；丙说，赵第二，张第三。竞赛结果表明，他们都只说对了一半。若结果无并列名次，问张王李赵各人的名次？

【算法设计】首先将题目信息数字化，张王李赵分别用 A、B、C、D 表示，名次用 1、2、3、4 表示。根据题目描述，可以写出如下条件。

（1）根据甲的说话，有 A=1 和 B=3，又因为他们的说话都只对了一半，即 A=1 和 B=3 只有一个成立，如果用变量 t1 存储 A=1 和 B=3 两个关系式值的和，即 t1←（A=1）+（B=3），则 t1 的值应等于 1。

（2）同样的道理，可得到 t2←（C=1）+（D=4）和 t3←（D=2）+（A=3），且 t2、t3 的值均等于 1。

（3）因为无并列名次，故 A、B、C、D 的值应互不相等，即有 t4←（$A \neq B$）AND（$A \neq C$）AND（$A \neq D$）AND（$B \neq C$）AND（$B \neq D$）AND（$C \neq D$），且 t4 的值应等于 1（也可写成 t4←（$A \neq B$）*（$A \neq C$）*（$A \neq D$）*（$B \neq C$）*（$B \neq D$）*（$C \neq D$），且 t4 的值应等于 1，或写成 t4←（$A \neq B$）+（$A \neq C$）+（$A \neq D$）+（$B \neq C$）+（$B \neq D$）+（$C \neq D$），且 t4 的值应等于 6）。

此题目算法仍采用枚举法，可用四重循环分别将 A、B、C、D 的值从 1 枚举到 4，并在最内层循环体中判断此组枚举值是否同时满足以上 4 个关系式。此算法也可进一步优化，只需要使用三重循环枚举 A、B、C 三个变量就可实现（因为四个人的名次和为 1+2+3+4=10，在 A、B、C 互不相等即 t4←（$A \neq B$）*（$A \neq C$）*（$B \neq C$）且 t4 的值等于 1 前提下，可计算出 D=10-A-B-C），请读者画出算法流程图。

算法设计是一项非常富有创造性和想象力的工作。算法的每一步在操作顺序、功能功用和内在逻辑上都是十分严谨和严密的，容不得有丝毫差错，所谓"差之毫厘谬以千里"也。一个问题的算法往往也有很多种，本书所介绍的这些算法例子只是该问题算法的一种，未必是最好的，更不是唯一的。希望大家将学习、借鉴和批判的思维贯穿于学习过程，开动脑筋，发挥想象力，创造性地解决问题。

思 考 题

1. 从键盘输入两个数分别给予变量 x、y，并将 x、y 的值互换后输出。

2. 对输入的两个数，按从小到大的顺序输出。

3. 对输入的三个数，按从小到大的顺序输出。

4. 设计计算下述分段函数值的算法。

$$y = \begin{cases} x+1 & x<0 \text{或} x>9 \\ x\times 3-2 & 0 \leqslant x \leqslant 5 \text{或} x=7 \\ x+8 & \text{其他} \end{cases}$$

5. 从键盘输入 3 个整数，判断由这 3 个数为边长能否构成三角形。若能构成，则判断所构成的三角形的类型（等腰、等边、直角或其他三角形）。

6. 输入年份，并判断是否是闰年。闰年的条件是：年份数值能被 4 整除但不能被 100 整除，或能被 400 整除。

7. 计算 $2+4+6+\cdots+100$。

8. 计算 $n!$，其中 n 的值从键盘输入。

9. 求输入的 10 个数的最小值和最大值。

10. 统计键盘输入的 10 个数中正数、负数、0 的个数各是多少。

11. 爱因斯坦阶梯问题：有一阶梯，每步跨 2 阶则余 1 阶，每步跨 3 阶则余 2 阶，每步跨 5 阶则余 4 阶，每步跨 6 阶则余 5 阶，每步跨 7 阶则正好。问有多少阶梯？

12. 解决 1500 年前《孙子算经》提到的鸡兔同笼问题：今有雉兔同笼，上有三十五头，下有九十四足，问雉兔各几何？

13. 输出所有的 4 位回文数。所谓回文数是指该数从左向右看与从右向左看数字顺序相同，如 1221、8668、9999 等都是 4 位的回文数。

14. 一个 n（$n \geqslant 3$）位数，如果其各位上数字的 n 次幂之和等于该数本身，则称为阿姆斯特朗数。当 $n=3$、4、5、6、7、8、9、10 时，分别称为水仙花数、四叶玫瑰数、五角星数、六合数、北斗七星数、八仙数、九九重阳数、十全十美数。设计输出所有五角星数的算法。

15. 古印度王朝，有一个聪明能干的丞相纳罕尔，他是国际象棋的发明者。国王要奖赏他，纳罕尔在力辞不允后，提出希望国王奖励他小麦，要求在国际象棋棋盘的 64 个格子里，从 1 粒小麦放起，后面的格子依次加倍放小麦粒。国王开始觉得太容易啦。后来国王反悔了，为什么？因为小麦粒的数量太巨大了。请设计算法求出共需要多少粒小麦。若将这些小麦垒成 1m 高、1m 宽的麦墙，能绕地球多少圈？已知 1m³ 麦粒数为 1.4*10⁸ 个。地球半径约 6400km。

16. 输入一个正整数 n，将 n 逆序构造出一个新正整数 m 并输出。例如，若 $n=123$，则逆序后 $m=321$。

17. 求 100~200 之间的素数。

18. 求键盘输入的 3 个正整数 m、n、k 的最大公约数和最小公倍数。提示：求最大公约数方法是，从三个数最小数开始逐次递减，找出第 1 个能整除这 3 个数的数。求最小公倍数方法是，从 3 个数最大数开始逐次递增，找出第 1 个能被这 3 个数整除的数。

19. 按下述公式计算 e 的值，要求计算前 50 项。

$$e \approx 1 + \frac{1}{1!} + \frac{1}{2!} + \frac{1}{3!} + \frac{1}{4!} + \cdots$$

20. 按下述公式计算 $\sin(x)$ 的值，x 从键盘输入，要求计算到最后一项的绝对值不大于 10^{-6}。

$$\sin(x) = x - \frac{x^3}{3!} + \frac{x^5}{5!} - \frac{x^7}{7!} + \cdots$$

21. 计算 $\sum n!$ 的值，n 的值从键盘输入（$n>0$）。

22. 把 1 元钱换成 5 分、2 分、1 分的硬币，有多少种换法？

23. 把 1 元钱换成 5 分、2 分、1 分的硬币共 50 枚，问每种换多少枚，有多少种换法？

24. 有任意大于 1 的自然数 n，若 n 为奇数则将它变为 $3n+1$，否则变为 n 的一半。经过若干次这样的变换，一定可将 n 变为 1。如 3→10→5→16→8→4→2→1。请设计算法验证这个猜想。

25. 输入一个日期，计算是星期几。注：公元元年元旦是星期一。

26. 设计一个打印年历的算法。

27. 输出 10000 以内的所有完数。完数是指该数恰好等于其所有真因子之和，如 $6 = 1 + 2 + 3$ 和 $28 = 1 + 2 + 4 + 7 + 14$。

28. 任何一个大于等于 6 的大偶数都可以分解为两个素数之和。例如 100 可分解为 $3 + 97$、$11 + 89$、$17 + 83$、$29 + 71$、$41 + 59$ 或 $47 + 53$。请验证哥德巴赫猜想，对输入的一个大偶数①输出一组分解结果；②输出所有可能的分解结果。

29. 猴子摘桃一堆，每天吃掉桃子总数的一半多 1 个，第 10 天只有 1 桃。求桃子的总数。分别用迭代法和递归法实现。

30. 阿米巴用简单分裂的方式繁殖，每 3 分钟分裂一次。现要将若干个阿米巴放在一个充满营养液的容器内，在 45 分钟后使容器内充满阿米巴。已知容器中最多可以装阿米巴 2^{20} 个，问最初应放入容器的阿米巴是多少个？分别用迭代法和递归法实现。

31. 核反应堆中有 α 和 β 两种粒子，每秒钟内一个 α 粒子变化为 3 个 β 粒子，而一个 β 粒子可以变化为 1 个 α 粒子和 2 个 β 粒子。若在 $t = 0$ 时刻，反应堆中只有一个 α 粒子，求在 t 时刻的反应堆中 α 粒子和 β 粒子数。分别用迭代法和递归法实现。

32. 计算 n 阶勒让德多项式，n 和 x 由键盘输入。分别用迭代法和递归法实现。

$$P_n(x) = \begin{cases} 1 & n = 0 \\ x & n = 1 \\ ((2n-1) \cdot x \cdot P_{n-1}(x) - (n-1) \cdot P_{n-2}(x))/n & n > 1 \end{cases}$$

33. 使用二分法求非线性方程 $f(x) = x^4 - 3x^3 + 1.5x^2 - 4$ 在区间（2，3）中的一个近似解，设误差精度为 10^{-3}。二分法解非线性方程的方法：设方程 $f(x) = 0$ 在区间（a，b）中有且仅有一个根 x^*，取区间中点 $x_0 = (a+b)/2$，判断 $f(x_0)$ 与 $f(a)$ 是否符号相同，若不同号则说明根在区间（a，x_0）中，否则根在区间（x_0，b）中。重复上述过程，得到一系列新区间（a_1，b_1）、（a_2，b_2）、（a_3，b_3）、…、（a_k，b_k），每次得到的新区间是上次区间的一半。当 $|b_k - a_k| < \varepsilon$ 时，则 b_k（或 a_k）就是方程得一个近似解，其中 ε 是误差精度。

34. 某大奖赛有评委 7 人，计分办法为去掉一个最高分，去掉一个最低分，其余评委给分的平均值作为选手的最终得分。设计一个计分算法。

35. 数组 a 共有 15 个元素，将小于它们平均值的元素放在数组的前半部，大于平均值的元素放在数组的后半部。

36. 数组 a 共有 100 个元素，其中存储的数值均在 1～20 范围内。请统计每个数出现的次数。

37. 输入 10 个数存放在数组 a 中，将 a 中的数值逆序存储后输出。

38. 用一维数组实现输出 10 行杨辉三角形数据。

39. 已知数组 a、b 中各有 10 个按升序排列好的整数，要求将它们合并到数组 c 中（有 20 个元素）且仍按升序排列，若有相等的值则重复存储。试设计算法。

40. 某商场举办一次幸运抽奖活动，共有 n 名顾客参与抽奖，获奖者共 10 人，其中一等奖 1 人，二等奖 2 人，三等奖 3 人，鼓励奖 4 人。抽奖方法是：n 个人围成一个圆圈，循环报数到 m 的人退出，直到圈内只剩 10 人时，按照顺序最先退出的 4 人、3 人、2 人即为鼓励奖、三等奖、二等奖获得者，最后剩下的 1 人获得一等奖。问获得各等级奖的人各是几号。n 和 m 由键盘输入。

41. 用筛选法找出 2～n 以内的所有素数，并输出结果。筛选法的思想是：将待选数据放入筛子内，每次筛选将筛中下一个最小数（从 2 开始，该最小数保留）的整倍数筛掉，重复筛选直到遇到的最小数大于 $n/2$ 则结束，这时筛中剩余的数都是素数。

42. 有一个 3 行 5 列的矩阵，求其中最大值及其所在的行号和列号。

43. 设计算法，将一个 3 行 5 列的矩阵 A，转置为 5 行 3 列的矩阵 B，并输出矩阵 B。

44. 输入 m 行 n 列矩阵，找出行上最大列上最小的那些元素，如果没有这样的元素则输出相应的信息。

45. 输出 n 阶幻方阵。n 阶幻方阵由 1～n^2 的自然数组成，它的每一行、每一列和两个对角线上的元素之和都相等，其值为 $n(n^2+1)/2$。如下是 5 阶幻方阵的实例。

$$
\begin{array}{ccccc}
17 & 24 & 1 & 8 & 15 \\
23 & 5 & 7 & 14 & 16 \\
4 & 6 & 13 & 20 & 22 \\
10 & 12 & 19 & 21 & 3 \\
11 & 18 & 25 & 2 & 9
\end{array}
$$

奇数阶幻方阵填法口诀为：1 据上行正中央，右上斜填切莫忘；上出框时最下写，右出框时最左放；排重便在下格填，右上排重一个样。

另一种填法口诀为：1 据下行正中央，右下斜填切莫忘；下出框时最上写，右出框时最左放；排重便在上格填，右下排重一个样。

46. 输出 n 阶螺旋阵。n 阶螺旋阵是将 1～n^2 的自然数按照螺旋方式排列，如 6 阶螺旋阵如下。

$$
\begin{array}{cccccc}
1 & 2 & 3 & 4 & 5 & 6 \\
20 & 21 & 22 & 23 & 24 & 7 \\
19 & 32 & 33 & 34 & 25 & 8 \\
18 & 31 & 36 & 35 & 26 & 9 \\
17 & 30 & 29 & 28 & 27 & 10 \\
16 & 15 & 14 & 13 & 12 & 11
\end{array}
$$

47. 输出 n 阶奇异阵，如 6 阶奇异阵排列形式如下。

$$
\begin{array}{cccccc}
1 & 1 & 1 & 1 & 1 & 1 \\
1 & 2 & 2 & 2 & 2 & 1 \\
1 & 2 & 3 & 3 & 2 & 1 \\
1 & 2 & 3 & 3 & 2 & 1
\end{array}
$$

```
1   2   2   2   2   1
1   1   1   1   1   1
```

48. 输出 n 阶旋转阵，如 5 阶旋转阵排列形式如下。

```
1   2   3   4   5
5   1   2   3   4
4   5   1   2   3
3   4   5   1   2
2   3   4   5   1
```

49. 设计算法将输入的一个十进制正整数分别转换为二进制数、八进制数、十六进制数。

50. 从键盘输入一个字符串存于数组 str 中，要求分别统计其中英文字母、数字、空格字符的个数并输出。

51. 回文就是正读和反读都一样的字符串，如 "radar"、"ABC IS BASIC， CISAB SICBA."（假定忽略空格和标点符号）。设计算法判断输入的字符串是否为回文。

52. 设计算法将键盘输入的字符串中从第 3 个字符开始的共 5 个字符删去。

53. 设计算法将键盘输入的字符串 a 中从第 3 个字符开始的共 5 个字符复制到 b 中。

54. 键盘输入两个字符串 a、b，将 b 串插入到 a 串从第 5 个字符开始的位置。

55. 键盘输入一个字符串，删除其中除前导字符外的 "#" 字符。如输入的字符串为 "##abc#12###34##"，删除其中除前导字符外的 "#" 字符后得到的字符串为 "##abc1234"。

56. 键盘输入一个字符串，删除前导 "#" 字符。如输入的字符串为 "##abc#12###34##"，删除前导 "#" 字符后得到的字符串为 "abc#12###34##"。

57. 设计算法找出在输入的字符串中出现过哪些字母。字母不区分大小写。

58. 设计算法找出在输入的两个字符串中均出现过的字母。字母不区分大小写。

59. 设计算法找出在输入的两个字符串中，在第一个串中出现过而在第二个串中未出现过的字母。字母不区分大小写。

60. 将一行英文文字信息中的数值修改为增长一倍。例如，将 "It's cost is \$116.8" 改为 "It's cost is \$233.6"。

61. 有算式 ABCD*D = DCBA，问 A、B、C、D 各是数字几？

62. 输入正整数 n（$2 \leqslant n \leqslant 9$），输出所有形如 abcde/fghij = n 的表达式，其中 a～j 恰好是数字 0～9 的一个排列。

63. 7 名大夫 A～G 一星期内每人要值一天班，且满足以下要求：A 值班日比 C 晚一天，D 值班日比 E 晚二天，B 值班日比 G 早三天，F 值班日在 B、G 之间且在星期四。问他们各是星期几值班？

64. 某宿舍住有 ABCDE 共 5 人。某门课考试结束后，老师来到这个宿舍，告诉同学们："你们这个宿舍的同学囊括了全班成绩的前 5 名"。同学们问 "那我们 5 人的名次如何排的？" 老师让大家猜一猜。于是大家推测起来。A 说，E 一定是第一；B 说，我可能是第二；C 说，A 一定最不妙；D 说，C 肯定不会最好；E 说，D 会得第一。老师说："再透露一个消息，考第一和考第二的同学推测是正确的，并且 E 肯定不是第二，也不是第三。"那么，他们的名次到底如何？

65. 两个乒乓球队进行对抗赛，各出 3 人，甲队为 A、B、C 三人，乙队为 X、Y、Z 三人。已知 A 不与 X 比，C 不与 X、Z 比，问 3 对选手比赛名单。

66. 从红、黄、兰、白、黑 5 种颜色球中，取 3 种颜色球的可能取法。

67. 一架天平，有一 40 磅砝码，不小心摔成 4 块，大小不等且均为整数磅。幸运的是，它们正好能够称 1 ~ 40 磅中的每一重量。那么，这 4 块砝码各重多少?

68. 有 8 箱产品，每箱有 500 只，其中有 1 箱是次品，正品每只 100 克，每只次品比正品轻 5 克。能否用秤只称一次，就找出哪一箱是次品? 如果次品有多箱，如何用秤只称一次就能找出哪几箱是次品?

69. 一个人晚上出去打了 10 斤酒，回家的路上碰到了一个朋友，恰巧这个朋友也是去打酒的。不过，酒家已经没有多余的酒了，且此时天色已晚，别的酒家也都已经打烊了，朋友看起来十分着急。于是，这个人便决定将自己的酒分给他一半，可是朋友手中只有一个 7 斤和 3 斤的酒桶，两人又都没有带称，如何才能将酒平均分开呢?

70. 请设计算法求出数值 48770428433377171 的一个真因子。注意，没有数据类型能够精确表达 17 位有效数字。

第4章
复杂算法设计方法简介

上章介绍了一些最基本也是很有效的算法设计方法,大部分简单问题可使用这些方法得以解决,但对于复杂、规模较大的问题,上述的简单方法可能就不能适用了。本章简要介绍一些复杂问题的算法设计方法,再通过举例说明设计思想和设计过程,来对这些设计方法的特点和适用对象做简单总结说明。

4.1 分治法

一般来说,问题的规模越大,其复杂性就越高,直接解决它的难度也就越大。对于这种问题,通常采用的方法是先将问题分解为若干个规模较小、与原问题性质相同、结构相似的子问题。如果子问题仍比较大,还可以继续分解为更小的子问题,直至子问题可以直接求解,最后将子问题的解用适当的方法合并为原问题的解。这就是分治策略的基本思想。

分治法所能解决的问题一般应具有以下 4 个特征。

(1)问题可以分解成若干个性质相同、结构相似的子问题。

(2)分解出来的这些子问题是相互独立的,子问题之间不包含有公共子问题。

(3)问题通过分解,将规模缩小到一定程度后,能够较容易地求解。

(4)这些子问题的解可以合并成原问题的解。

以上 4 个特征中,特征(1)是使用分治策略解决问题的前提。它也正是递归方法解决问题的思想。因此,分治法通常采取递归形式。特征(2)影响到解决问题的效率,如果子问题不是相互独立的,分治法就需要重复地求解公共子问题。这样会造成解题效率低下,因此,这类问题更适合采用动态规划法。特征(3)对于大多数问题都可以满足。一般来说,随着问题规模的缩小,问题求解的难度和复杂度都会降低,经过不断地分解,最终的子问题可以小到直接使用枚举法求解。特征(4)是能否使用分治法的最关键特征,如果具备前三项特征而不满足本项条件,则可考虑使用贪心法或动态规划法。将子问题的解合并成原问题解的合并方法也是使用分治法解决问题的关键点之一。

使用分治法解题的一般步骤如下。

(1)分解:将原问题分解为若干个规模较小、相互独立且与原问题性质相同、结构相似的子问题。

(2)求解:若子问题规模足够小则直接求解,否则采用递归方法求解。

(3)合并:将子问题的解逐层"合并"得到原问题的解。

下面介绍采用分治法的具体例子。

例 4.1　二分查找算法。数组 a 中按从小到大顺序存放有 30 个整数，要求查找其中是否有数值 75，若有则输出其位置，否则输出"未找到"信息。

【题目分析】查找又称搜索。查找的算法有很多种，在例 3.30 中介绍了顺序查找方法。这一方法对源数据无特殊要求。二分查找又称折半查找，其要求源数据必须是有序的，即按从小到大或从大到小顺序排列好。二分法查找算法中，假设数据在数组中是按升序排序的，首先将数组中间位置的元素与待查数值做比较，若相等则查找成功，输出该元素的下标值即为其位置。如果两者不相等，就利用该中间位置将数组分成前后两个子数组，如果待查数值小于该中间位置元素值，则在前一子数组中进一步二分查找，否则在后一子数组中进一步二分查找。重复上述过程，直到查找成功则输出查找到的位置号，或数组不再能进一步划分（即子数组只有一个元素，不能再分成前后两个子数组），表示查找失败，输出"未找到"信息。

【算法设计】二分查找是分治策略的一个典型应用实例，它将一个规模较大的问题（从有多个元素的数组中查找指定值）分割成两个同类型的子问题（从原数组的前后两个子数组中查找指定值）进行求解，当子问题规模仍较大时就继续分割，直到找出问题的解——查找成功，或将子问题分割成可以很容易求解的小问题（只有一个数组元素）时则结束。

二分查找法可以用递归方法实现，也可以用迭代方法实现。用迭代方法实现的算法步骤描述如下。

（1）定义三个变量 low、high、mid，分别表示待查数组 a 的最小下标、最大下标和中间下标（整数值），即 mid =（low + high）/2。本例中，low、high 最初的值分别为 1 和 30，mid 的值为 15。

（2）当 low≤high，比较中间元素 a[mid] 与指定查找值 x（本例为 75）的大小，若相等则找到，输出 mid 值即为查找到的位置。否则，若 a[mid]>x，则需在数组 a 的下标从 low 到 mid-1 的元素（即前一子数组）中继续查找，即令 high←mid-1；若 a[mid]<x，则需在数组 a 的下标从 mid + 1 到 high 的元素（即后一子数组）中继续查找，即令 low←mid + 1。

（3）重复执行步骤（2），直到查找成功则输出查找结果后结束查找，或者不满足（2）中的条件 low≤high 时，说明上一次被查数组只有一个元素且仍未找到（这时，low、high、mid 的值都相等且 a[mid]≠x，经过 high←mid-1 或 low←mid + 1 后转回到步骤（2）时条件 low≤high 将不成立），则输出"未找到"信息后结束查找。

上述查找过程中，子问题的解（查找成功或失败）就是原问题的解，不需要再"逐层合并得到"了。算法流程图如图 4-1 所示。

在实际程序设计时，往往把完成一个完整功能的程序模块编写成一个独立的函数或过程，以供程序的其他部分或其他程序调用，以减少重复编程的工作量、提高程序的可读性。下述描述的算法是将二分查找法写成一个用递归算法实现的函数。

函数名：BinarySearch。

函数参数：数组名 a，待查下标下限 low、下标上限 high，待查数值 x。

函数值：若查找成功，返回位置值，否则返回标志值-1。

算法过程如下。

```
IF low≤high
    THEN BEGIN
         mid←(low+high)/2
```

```
            IF  a[mid]=x
               THEN  find←mid
               ELSE  IF a[mid]>x
                        THEN  find←BinarySearch(a,low,mid-1,x)
                        ELSE  find←BinarySearch(a,mid+1,high,x)
      END
   ELSE find←-1
RETURN find
```

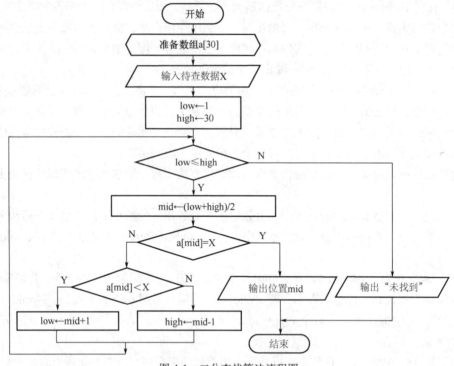

图 4-1 二分查找算法流程图

在主程序中，使用 BinarySearch（a，1，30，75）的形式进行函数调用，然后判断函数值如果等于-1，表示查找失败，输出"未找到"信息，否则查找成功，输出位置信息（函数值即是位置号）。

例 4.2 快速排序算法。对于输入的 10 个整数，用快速排序法将它们升序排序后，输出排序后的结果。

【题目分析】快速排序法是对冒泡排序法的改进，是按照分治策略思想实现的一种高效排序方法。它的基本思想如下。

（1）从待排序数据中选取一个数据（设为 k）作为基准值。

（2）将待排数据中小于 k 的数据移到序列的前面，大于 k 的数据移到序列的后面。这样就将原数据序列以基准 k 为界分成了两个子表，前一个子表中所有数据都小于 k，后一子表中所有数据都大于 k，k 正位于两个子表的分界点上。

（3）对前后两个子表重复上述排序过程，直至所有子表的长度不超过 1 为止。这时数据序列就排好序了。

上述步骤（1）中，选取基准数据的方法有很多种，如可以选取数据序列的第一个、最后一个或任意中间位置的一个数据作为 k，也可选取第一个、最后一个、1/2 中间位置的一个数据中的大小居中的数据值作为 k。这两类选取数据 k 的方法可导致不同的算法效率，后者效率更高一些。本例采用选取第一个数据作为基准的方法。

【算法设计】设用数组 a 存储输入数据，数组下标从 1 到 n（本例中 n = 10）。

根据上述快速排序思想，若设待排序数据是位于数组 a 的下标从 left 到 right 的元素，则排序过程如下。

（1）如果 left≥right，即待排序数据不超过 1 个，则排序结束。

（2）设置两个指针 i、j（实际上是存放数组下标的变量），分别指向待排序数组的首尾元素，即 i←left，j←right，并将基准数据存于 k 中即 k←a[i]。这时 a[i]元素就可以作为一个临时单元用于存储临时值。

（3）从右向左逐个扫描数组元素，直到第一次遇到小于等于 k 的元素或 i 与 j 相遇（即当 a[j]>k 并且 i≠j 时做 j←j-1，重复此过程），则将 a[i]←a[j]。即将小于等于基准 k 的值移到前面，此时 a[j]可作为临时单元。

（4）从左向右逐个扫描数组元素，直到第一次遇到大于 k 的元素或 i 与 j 相遇（即当 a[i]≤k 并且 i≠j 时做 i←i + 1，重复此过程），则将 a[j]←a[i]，即将大于基准 k 的值移到后面。此时，a[i]可作为临时单元。

（5）重复执行步骤（3）、（4），直到 i 与 j 相遇（即 i=j）。此时，a[i]左边的所有元素值均不大于 k，而 a[i]右边的所有元素均大于 k，最后将基准 k 存于此临时单元 a[i]（亦是 a[j]）中，就完成了一次划分过程。

经过上述一次划分后，将待排序数据 a[left] … a[right]划分为以基准 k（即元素 a[i]或 a[j]）为界的左右两个子表 a[left] … a[i-1]和 a[i + 1] … a[right]，对这两个子表反复进行上述（1）~（5）划分过程，直到每一个子表的元素个数均不多于 1 个（即满足上述步骤（1）时），则排序结束。

上述通过将原数据反复划分为一个个子表的排序过程结束后，各个子表的内容自然地组合成排序结果，不再需要"合并"过程。

快速排序是一个递归过程，算法描述如下。

过程名：QuickSort。

过程参数：待排序数组名 a，待排序下标下界 left 和下标上界 right。

算法过程如下。

```
IF left≥right
   THEN RETURN
   ELSE BEGIN
        i←left
        j←right
        k←a[i]
        WHILE  i≠j  DO
            BEGIN
               WHILE  a[j]>k AND i≠j  DO
                     BEGIN j←j-1  END
               a[i]←a[j]
               WHILE  a[i]≤k AND i≠j  DO
```

```
              BEGIN  i←i + 1  END
              a[j]←a[i]
          END
      a[i]←k
      QuickSort(a,left,i-1)
      QuickSort(a,i + 1,right)
   END
```

在主调程序中，首先使用循环结构输入 10 个数据并分别存到数组 a[1] ~ a[10]元素中，然后使用 QuickSort（a，1，10）调用上述快速排序过程，从该过程返回后数组 a 的 10 个元素就已经按升序排好序了，再使用一个循环结构输出排序后的结果。

在冒泡排序过程中，每次只比较相邻两个数据，因此每次交换也只能消除一个逆序。而快速排序法中，每次是用前后两半部的元素与基准比较，因此每次是将前后两个数据交换，即一次交换消去了两个逆序，加快了排序速度。

4.2　回溯法

回溯法又称为试探法，其算法思想很像老鼠走迷宫，在每个位置可能有多条路径可供选择，由于没有足够的决策信息，只好试探着沿某一路径向前走，当走到一定程度发现此路不通时，就后退到上一步位置试探其他路径。如果发现已找到出口则算法结束，如果所有路线都已试探完又退回到了起点，则说明"无路可走"。这种"后退到上一步位置"的方法就是回溯法。

大家知道，解决问题最简单的方法是枚举法，其将问题所有可能的解逐一枚举出来，检查是否问题的真解。枚举法虽然简单实用，但其计算工作量非常大，有些问题并不能简单地使用枚举法。回溯法并不从一开始就试图在问题的整个规模上将所有可能的解逐一枚举出来，而只是从问题的一个最小规模开始，逐一枚举和检查它的候选解，当发现当前候选解不可能是正确解时，就放弃当前的候选解、选择下一个候选解继续试探（即为回溯）。如果当前候选解除不满足问题规模要求外，满足其他所有要求，则扩大问题规模亦即扩大当前候选解的规模，继续试探。直到发现当前候选解在整个问题规模上满足所有要求，则找到了问题的一个解。如果发现回溯到最初的最小规模问题并已将其所有候选解都已试探完仍未找到解，则此问题无解。

回溯法本质上还是一种枚举法，回溯过程可以使用递归方法实现，也可以使用迭代方法实现。在回溯过程中，一个关键问题是要按顺序将已试探过的解记录下来，当需要回溯时，可以从后向前逐步"后退"。记录方法可以采用堆栈、数组、链表等。

例 4.3　迷宫如图 4-2 所示，设计算法找出走出迷宫的路线。

【题目分析】在计算机中表达迷宫的方法有多种，而在此例中采用矩阵（二维数组）m 来模拟它，如图 4-3（a）所示，其中，2 代表障碍物不可通行，0 代表是通道可以通行。迷宫的入口位于数组 m 的第 4 行第 2 列，出口位于第 10 行第 13 列。

若当前所处位置为（i，j），其中 i、j 分别为行列下标，则此位置有上下左右四个前进方向，如图 4-3（b）所示。

在当前位置进行下一步试探时，可能出现三种情形。

（1）按上右下左顺时针顺序逐个判断有无尚未试走过的通道，若有则向该方向前进一步，在新位置继续试探，同时对当前位置做上已试走过的标记（将数组元素值置为 1）。

图 4-2　迷宫图

2	2	2	2	2	2	2	2	2	2	2	2	2
2	0	0	0	0	0	0	0	0	0	0	0	2
2	2	0	2	2	0	2	2	0	2	2	0	2
2	0	0	2	0	0	0	0	0	2	0	0	2
2	2	0	2	0	0	0	2	0	2	2	0	2
2	2	0	2	0	2	2	0	0	2	2	0	2
2	0	0	0	2	2	0	0	0	0	0	0	2
2	2	0	2	0	0	2	0	2	2	0	0	2
2	2	0	2	0	0	0	0	0	0	0	2	2
2	0	0	2	0	0	0	0	2	0	2	0	2
2	2	2	2	2	2	2	2	2	2	2	2	2

（a）迷宫表

	$i-1, j$	
$i, j-1$	i, j	$i, j+1$
	$i+1, j$	

（b）前进方向

图 4-3　迷宫数组及前进方向

（2）若不存在（1）中的通道，就判断当前位置是否三个方向均是障碍物，若是则当前位置是"死路"，对它做上"死路"标记（如将数组元素值置为 3），后退一步。

（3）若不是（1）、（2）情形，也表示当前位置是"死路"（也要做上"死路"标记），但其 4 个方向上有一个是已试走过的位置，则后退至该位置。

（4）如果当前位置已后退到原入口处，说明迷宫不存在通路，停止试探。

（5）如果当前位置已到达出口，则找到了通路，停止试探。迷宫的通路是从入口沿着数组元素值为 1 的路径到达出口。

采用迭代方法实现算法的功能流程示意图如图 4-4 所示，具体算法流程图如图 4-5 所示。

图中，"输出通道"框可以直接输出二维数组 m 的值，从中找到元素值为 1 的路径。也可以仿照迷宫图，以图形的方式显示通道路线，请读者自行实现。

需要指出的是，上述算法不能用于存在多条路径的迷宫，也不适用于迷宫中存在连续多行多列为通道的情况，前一种情形可能造成输出不准确，后一种情形甚至导致死机。若希望解决此问题，就不能只简单地记录某位置是否试探过，还需记录到达此位置的进入方向（即是从上下左右哪个方向进来的），以便当需要后退时可按原进入方向逐次回退。要达到此目的，需要使用堆栈存储试探的路径，算法稍有复杂，有兴趣的读者请进一步考虑。

采用递归方法解决迷宫问题更简洁清晰，算法描述如下。

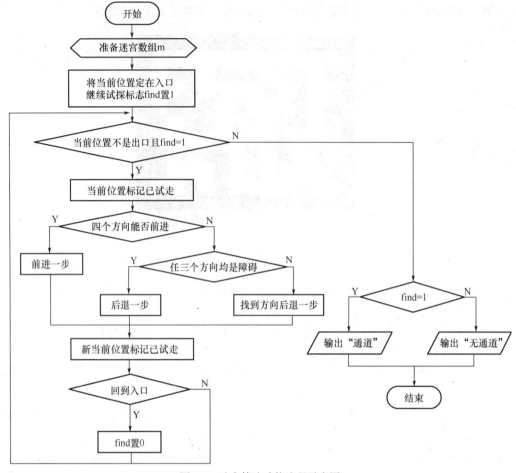

图 4-4　迷宫算法功能流程示意图

函数名：Visit。

函数参数：当前位置的行下标 i 和列下标 j。

函数值：找到出口返回 1，否则返回 0。

算法过程如下。需注意的是以下注释的是 C 语言的格式要求。

```
m[i,j]←1                       /*注：标记该点已走过*/
IF  (i=出口行号 AND j=出口列号)
    THEN  success←1
IF  success≠1 AND m[i-1,j]=0   /*注：试探向上方走*/
    THEN  Visit(i-1,j)
IF  success≠1 AND m[i,j+1]=0   /*注：试探向右方走*/
    THEN  Visit(i,j+1)
IF  success≠1 AND m[i+1,j]=0   /*注：试探向下方走*/
    THEN  Visit(i+1,j)
IF  success≠1 AND m[i,j-1]=0   /*注：试探向左方走*/
    THEN  Visit(i,j-1)
IF  success≠1
    THEN  m[i,j]←0             /*注：表示该点试走过但未成功*/
RETURN success
```

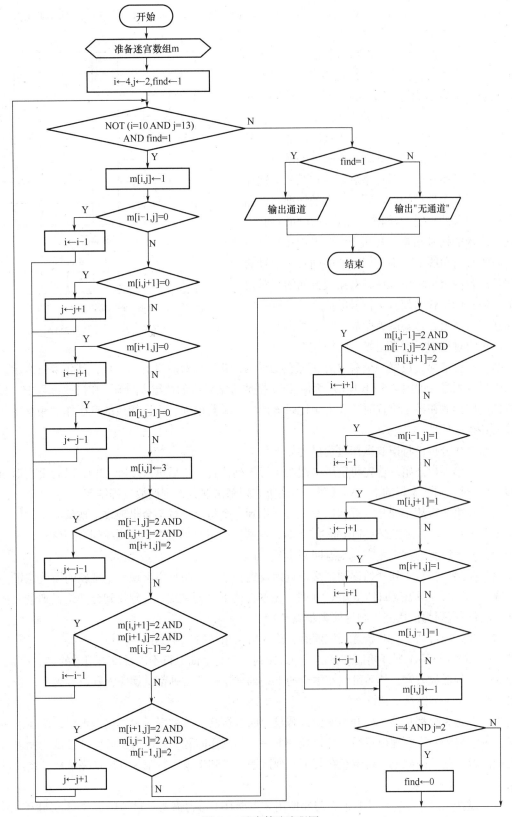

图 4-5　迷宫算法流程图

主函数调用方法为 find←Visit(入口行下标,入口列下标),如果 find = 1 表示找到了路径,可以输出该路线,否则表示迷宫无通路。

例 4.4 八皇后问题。在 8×8 格的国际象棋棋盘上摆放 8 个皇后,要求不能出现相互攻击现象,即任意两个皇后不能处于同一行、同一列或同一对角线上。问共有多少种不同的摆法。

【题目分析】图 4-6(a)是八皇后问题的一种摆放方案。根据皇后摆放规则,在求解问题时,采取从第 1 行开始逐行试探将皇后摆放在某列,这样就不会发生两个皇后摆放在同一行上的情况。根据相互攻击现象的规定,若两个皇后出现在同一列上,则它们位置的列号相等;若两个皇后出现在主对角线方向的某对角线上,则它们位置的列号—行号的值相等;若两个皇后出现在副对角线方向的某对角线上,则它们位置的列号＋行号的值相等。避免出现相互攻击现象就是要避免摆放出现上述情况。

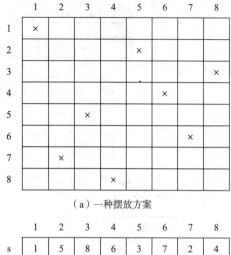

（a）一种摆放方案

1	2	3	4	5	6	7	8
s							
1	5	8	6	3	7	2	4

（b）方案（a）对应的数组 s 的值

图 4-6 八皇后问题示意图

在求解过程中,为了记录一种摆放方案中各行皇后摆放位置情况,设置一个有 8 个元素的数组 s,其下标对应棋盘的行号,其元素值表示该行皇后摆放的列号,如图 4-6(b)所示为图(a)摆放方案对应的数组 s 的值。在摆放过程中,每当试探将皇后摆放在某个位置时,在 s 中记录该位置,并与前面各行已摆放的皇后作"相互攻击"比较及其相应处理。

根据上述分析,将摆放试探过程描述如下。

（1）从第 1 行开始,首先将皇后试摆在 1 行 1 列位置,之后进入步骤（2）。以后每当返回到步骤（1）时,则在本行的下一列试摆。直到所有列都试摆完,则摆放过程结束。

（2）在第 2 行从 1 列开始逐列试摆,直到找到一个与上一行不会出现攻击现象的摆放位置,进入步骤（3）。以后每当返回到步骤（2）时,在本行的下一列试摆,直到找到合理位置则进入步骤（3）,或者所有列都试摆完,则返回到步骤（1）。

（3）在第 3 行从 1 列开始逐列试摆,直到找到一个与上两行不出现攻击现象的摆放位置,进入步骤（4）。以后每当返回到步骤（3）时,在本行的下一列试摆,直到找到合理位置则进入步骤（4）,或者所有列都试摆完,则返回到步骤（2）。

（4）在第 4 行从 1 列开始逐列试摆后,第 5 行～第 7 行以此类推。

（5）在第 8 行从 1 列开始逐列试摆,直到找到一个与上面 7 行不出现攻击现象的摆放位置后,则形成了一种摆放方案。然后继续在本行的下一列试摆,所有列都试摆完,则返回到上一步,即在第 7 行的下一列继续试摆。

总之,每一行都从第 1 列开始试摆,若与上面各行已摆放的皇后发生攻击现象,则在下一列试摆,直到找到一个合理位置后,开始处理下一行的试摆问题。若本行所有列都已试摆完仍未找到合理位置,则返回到上一行继续在其下一列试摆。直到将第 1 行第 8 列试摆完毕后,摆放过程结束。

将上述摆放过程用算法实现时,需要使用 8 重循环(每行需要一重循环)。第 1 层循环到第 8 层循环依次对应第 1 行到第 8 行的试摆过程,在每层循环中均从第 1 列到第 8 列逐列试摆,每列试摆的位置先要与前面各行已摆放位置进行"攻击"检查。若发生攻击说明本列位置试摆失败，在下一列继续试摆。若未发生攻击，说明本列位置试摆"暂时"成功，就开始试摆下一行。算法过程示意如下，其中"FOR X = 1 TO 8 STEP 1 DO"的含义是：这是一个循环结构，循环控制变量 X 的初值为 1，终值为 8，每次循环控制变量的修改方法是加步长值（为 1），循环体为 DO 后的语句。

```
FOR s[1]=1 TO 8 STEP 1 DO
  FOR s[2]=1 TO 8 STEP 1 DO
    BEGIN
      //与前 1 行进行攻击检查并处理
      FOR s[3]=1 TO 8 STEP 1 DO
        BEGIN
          //与前 2 行进行攻击检查并处理
          FOR s[4]=1 TO 8 STEP 1 DO
            BEGIN
              //与前 3 行进行攻击检查并处理
              FOR s[5]=1 TO 8 STEP 1 DO
                BEGIN
                  //与前 4 行进行攻击检查并处理
                  FOR s[6]=1 TO 8 STEP 1 DO
                    BEGIN
                      //与前 5 行进行攻击检查并处理
                      FOR s[7]=1 TO 8 STEP 1 DO
                        BEGIN
                          //与前 6 行进行攻击检查并处理
                          FOR s[8]=1 TO 8 STEP 1 DO
                            BEGIN
                              //与前 7 行进行攻击检查并处理
                              //摆放成功，方案个数计数器加 1
                              //输出此种摆放方案
                            END
                        END
                    END
                END
            END
        END
    END
END
```

其中，在对第 n 行（$n = 2 \sim 8$）的某列试摆时，首先要与前 n-1 行已摆放位置进行攻击检查。若发生攻击则试摆失败，需在本行的下一列继续试摆。若未发生攻击，说明试摆"暂时"成功，就进入下一个循环结构开始试摆下一行。

对第 n 行试摆时进行攻击检查可以单独写成一个函数，供循环中调用。函数示意如下。

函数名：attack。

函数参数：试摆行号 n。

函数值：为 1 表示发生攻击现象，为 0 则表示未发生攻击现象。

函数过程如下。

flag←0

```
FOR i = 1 to n-1 STEP 1 DO
  BEGIN
      IF （发生攻击现象）
          THEN flag←1
  END
RETURN flag
```

其中，"发生攻击现象"的逻辑表达式为 s[n] = s[i] OR n-s[n] = i-s[i] OR n + s[n] = i + s[i]。式中，s[n] = s[i] 表示本行试摆列 s[n] 与前面第 i 行（i = 1 ~ n-1）已摆放列 s[i] 位于同一列；n-s[n] = i-s[i] 表示本行试摆位置与前面第 i 行（i = 1 ~ n-1）已摆放位置位于同一主对角线方向上（它们的行列差值相等）；n + s[n] = i + s[i] 表示本行试摆位置与前面第 i 行（i = 1 ~ n-1）已摆放位置位于同一副对角线方向上（它们的行列和值相等）。

由上述描述可以看出，试摆过程方程适合采用递归方法。图 4-7 是在第 row 行试摆过程的流程示意图，描述为递归过程如下。

过程名：Place。

过程参数：行号 row。

算法过程如下。

```
IF  row≤N                    /*注：N 是棋盘行列数，八皇后问题中 N = 8，修改 N 的值就可以解决 4 皇后
                                问题、5 皇后问题…*/
  THEN BEGIN
      FOR col = 1 TO N STEP 1 DO          /*注：从第 1 列开始，逐列试摆*/
        BEGIN
          s[row]←col                      /*注：试摆在 col 列*/
          ok←1                            /*注：ok 是标志，表示试摆是否合理*/
          FOR i = 1 TO row-1 STEP 1 DO    /*注：与前 row-1 行检查攻击现象*/
            IF （发生攻击现象） THEN ok←0
          IF ok = 1                       /*注：如果未发生攻击现象则试摆下一行*/
            THEN place（row+1）
        END
      END
  ELSE BEGIN
        count←count+1
      输出此种摆放方案
      END
RETURN
```

其中，"发生攻击现象"的逻辑表达式为 s[row] = s[i] OR row-s[row] = i-s[i] OR row + s[row] = i + s[i]。式中，s[row] = s[i] 表示本行试摆列 s[row] 与前面第 i 行（i = 1 ~ row-1）已摆放列 s[i] 位于同一列；row-s[row] = i-s[i] 表示本行试摆位置与前面第 i 行（i = 1 ~ row-1）已摆放位置位于同一主对角线方向上（它们的行列差值相等）；row + s[row] = i + s[i] 表示本行试摆位置与前面第 i 行（i = 1 ~ row-1）已摆放位置位于同一副对角线方向上（它们的行列和值相等）。

"输出此种摆放方案"最简单的方式就是直接输出数组 s 的值。

在主程序中，以 Place（1）的格式调用该过程，从过程返回后，count 的值即为所有成功摆放方案的总个数。

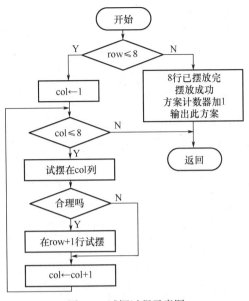

图 4-7 试摆过程示意图

4.3 贪心法

贪心算法又称贪婪算法或登山法,其基本思想是:在求解问题时总是做出在当前看来是最好的选择,即并不考虑问题的全局最优解或整体最优解,而仅在某种局部意义上求最优解,企图通过局部最优达到全局最优。好像在登山时,并非从一开始就选择出一条到达山顶的最佳路径,而是在一定范围内(如视力所能及的一个目标处)选择一条最佳路径,然后在新起点与下一目标处再选择一条最佳路径,依此方法不断前进,最后到达山顶。这种通过对每一阶段构造最佳路径,试图达到构造全局最佳路径的方法就是"登山法"名称的由来。

贪心算法总是将问题转化为一系列性质相似但规模更小的子问题,然后对每一个子问题求出当前的最优解,即满足某些约束条件的局部意义上的最优解,并将这些局部最优解逐步合成为原问题的解。显然,贪心算法并不保证能得到问题的全局最优解,因此不能用来解决求最大解或最小解问题,但在很多情况下,贪心算法可以得到问题的全局最优解或全局最优解的近似解。如果一个问题能够使用贪心算法获得全局最优解,即问题的全局最优解可以通过局部最优选择来达到,则该问题被认为具有贪心选择性质。

需要特别指出的是,在使用贪心算法时,每个阶段构造最优解的策略(称为贪心策略)的选择要无后效性,即只考虑本阶段当前问题的局部最优解,而不考虑后续阶段问题如何去解,或者说后续阶段问题的求解不影响本阶段当前问题的求解。因此适合用贪心算法解决的问题类型较少。

贪心算法没有固定的算法框架,也难以给出贪心算法具体处理过程的通用规则。使用贪心算法需要具体问题具体分析。哪类问题适合使用贪心算法,如何选择贪心策略,贪心策略是否可行(最好进行数学证明),都需要大量实践经验的学习和积累。因此,贪心算法和贪心策略一定要精心选择、谨慎使用。

例 4.5 背包问题 1:一个强盗闯入一家商店要拿走一批物品,商店有 N 件物品,每件物品

的重量为 w_i 斤（$1 \leqslant i \leqslant N$）。强盗只有一个最多能装 w 斤的背包，如果强盗拿物品的原则是拿走的物品尽可能的多，问该如何拿？

【题目分析】由于本题目要求中只关心物品的数量，所以拿重的不如拿轻的合算。故此只需将所有物品按重量从小到大排序，依次拿走每件物品直到装不下为止（即拿走物品的总重量为小于或等于 w 的最大值）。这是一种典型的贪心算法，其只顾眼前，但能得到最优解。

【算法设计】本题目算法较简单，但需要定义一个结构体数组存储 N 个物品的编号和重量，然后按重量对数组元素升序排序，从头开始累加各物品的重量，直到大于 w 前的物品全部拿走。算法流程图请读者自己画出。

例 4.6 背包问题 2：一个强盗闯入一家商店要拿走一批物品，商店有 N 件物品，每件物品的重量为 w_i 斤、价值 v_i 元（$1 \leqslant i \leqslant N$）。强盗只有一个最多能装 w 斤的背包，如果强盗拿物品的原则是背走一包最值钱的东西，问该如何拿？假设每件物品都是可以分割的，即可以拿走物品的一部分（例如粉末状的东西）。这类问题称为部分背包问题。

【题目分析】在这个题目中，因为有重量（w 斤）和价值（最值钱）两个限制条件，就不能像上例那样优先拿重量轻的（因为轻的可能价值也小），也不能简单地说先拿价值大的（因为它可能很重），而应该综合考虑重量和价值两个因素。一种直观的贪心策略是，优先拿走"单位重量价值大的"物品，即将所有物品按价值除以重量的值从大到小排序，依次拿走每件物品直到重量正好等于 w（最后一件物品可能只拿走它的一部分，前面的物品都是整件拿走的），当然还有一种可能是将物品全部拿走总重量也不足 w。

【算法设计】本例算法与上例相似，用结构体数组存储物品的编号、重量和价值，然后将它们按价重比从大到小排序，从头开始累加物品重量 t，当遇到某个 i 使 $t + w_i > w$ 时，则前 i-1 件物品都装入背包拿走，第 i 件物品只能拿走一部分，拿走的重量为 w-t，价值为（w-t）×该物品的价重比。算法流程图请读者自己画出。

例 4.7 背包问题 3：题目场景同上例。只是假设物品不可分割，对每件物品要么选择整件拿走，要么选择不拿走。这类问题称为 0-1 背包问题。

【题目分析】虽然这个题目与上例很相似，但上例的部分背包问题可以使用贪心算法求得最优解，但本例的 0-1 背包问题使用贪心算法却不能得到最优解。在此对贪心算法不适用于 0-1 背包问题不做理论证明，仅给出一个例子说明此种情况。假设有三件物品，按单位重量价值从大到小顺序为 1 号物品重 10 斤价值 50 元，2 号物品重 20 斤价值 80 元，3 号物品重 30 斤价值 90 元。如果背包容量为 50 斤，按照优先拿走"单位重量价值大的"物品的贪心策略，就要先拿走 1 号物品，然而最优解却是拿走 2 号和 3 号，留下 1 号物品。两种拿走 1 号物品的方案都不是最优解，原因在于拿走 1 号物品后就无法使总重量达到最大化，欠缺的重量降低了有效的单位重量价值值，故此贪心算法不能解决 0-1 背包问题。0-1 背包问题可以使用动态规划法解决，见例 4.10。

例 4.8 旅行商问题。一名巡回售货商要从家乡 A 出发到 B、C、D、E 四个城市巡回售货，最后返回家乡 A。五个城市之间的交通费用如图 4-8 所示。假设要求巡回城市不重复，问如何选择旅行路线使费用最少？

【题目分析】根据题目要求和给定的限制条件"巡回城市不重复"，考虑采用"优先走费用最低的下一站"的贪心策略：从 A 出发，寻找费用最低的下一站 E；下次从 E 出发，寻找费用最低

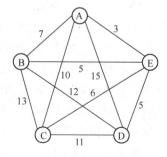

图 4-8　交通费用图

的下一站 B 或 D（本例选取 D）。以此类推，这种局部寻优策略得到的路径为 A-E-D-C-B-A，总费用为 39。注意这并非最优解，最优路径应是 A-B-E-D-C-A，总费用为 38。

【算法设计】采用邻接矩阵存储各城市之间的交通费用。设 5 行 5 列的二维数组 a，其行和列分别依次代表五个城市 A~E，数组元素值为两城市之间的交通费用，数组 a 的值如图 4-9 所示。

当从某城市出发寻找费用最低的下一站时，即在该城市所在行中找出值最小的元素，并记录其所在的列号（即下一站城市），该列号将作为下一个出发点的行号。设用 m 记录一行上的最小值，m 的初值应设定为一个"足够大"（是指比数组所有元素的值都要大，以便找出最小值）的值，寻找最小值过程中只与大于

	1	2	3	4	5
1	0	7	10	15	3
2	7	0	13	12	5
3	10	13	0	11	6
4	15	12	11	0	5
5	3	5	6	5	0

图 4-9　数组 a 的值

0 的元素值进行比较。一旦从当前出发点找出了下一站，该出发点就是已经走过的城市，不能再参与以后的搜寻了，需要做上"已被巡回"标记。在此以将该出发点所在列的元素置为原值的负值的方法给出标记，因为在寻找下一行的最小值过程中只与大于 0 的元素值进行比较，负值就保证了该元素值不参与寻找最小值的比较，亦即该城市不参与下次搜寻。

如果所有城市都已巡回到，那么数组中的所有元素均已不大于 0。在最后一个城市作为出发点寻找下一站时，最后得到的 m 的值仍然保持为原来的那个足够大的值，由此可以判定应该返回家乡结束巡回旅行了。算法流程示意图如图 4-10 所示。为了使处理流程更简洁清晰、易读易懂，图中很多功能框采用了"示意"方式（没有画出详细的处理流程，而是以"功能说明"的方式给出），具体处理方法可另画子流程图，也可以文字进一步描述说明。本例对图 4-10 中的一些功能框说明如下。

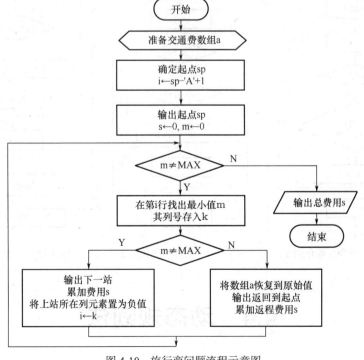

图 4-10　旅行商问题流程示意图

（1）MAX 是设定 m 初值时的"足够大的值"。开始时 m←0 只是为了能让流程进入循环。

（2）变量 i 存放出发点的行号，从起点出发时 i←sp-'A' + 1，以后每当找到下一站，i←k，k 为所找到的下一站所在的列值，也将是新出发点的行号。

（3）图中的第 1 个判断框 m≠MAX 是循环控制条件。如果 m = MAX，表示已走完所有城市并且已经返回到起始点，控制循环结束，输出总费用后算法结束，否则继续寻找下一站。

（4）处理框"在第 i 行找出最小值 m，其列号存入 k"可细化为图 4-11，其中，m 为本行最小值（最少费用），k 为列号。

（5）图中的第 2 个判断框 m≠MAX 是一个选择结构。如果 m≠MAX，表示找到了下一站，需要做相应处理，见（6），否则表示当前城市已经是最后一站了，且下一步骤应是"返回家乡并累加返程费用"后结束循环，在此之前应将费用数组 a 恢复到原始值。

（6）处理框"输出下一站，累加费用，将上站所在列元素置为负值，i←k"可细化为如图 4-12 所示，其中，i←k 表示将找到的下一站作为新出发点，k 是找到的下一站所在的列号，i 是新出发点的行号。

（7）处理框"将数组 a 恢复到原始值，输出返回到起点，累加返程费用 s"可细化为如图 4-13 所示，其中 sp 为起点。

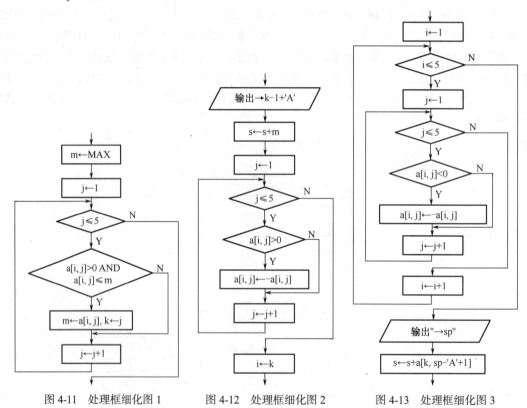

图 4-11 处理框细化图 1   图 4-12 处理框细化图 2   图 4-13 处理框细化图 3

4.4 动态规划法

动态规划法是一种常用的系统分析方法，用来求解多阶段决策问题的最优解。它适用于具有明显阶段性的问题，其基本思想是：根据时间和空间特点，将规模较大的复杂问题划分为规模较小、较为简单的相互联系的若干个子问题（阶段），按顺序求解各个子问题，对每个子问题都根据其当前状态作出决策（即求出解），前一子问题的解作为下一子问题的初始状态。依次解决各个子问题，最后一个子问题的解就是原始问题的解。

在对每一子问题求解时，根据前一子问题所提供给的初始状态，按问题要求列出各种可能的解，通过决策选择出最优解。在一个多阶段决策过程中，每个阶段的决策必须是基于当前状态（由前一阶段产生）的、能够达到最优效果的最优策略。同时，它又作为下一阶段的初始状态。这些决策形成了一个决策序列，同时确定了完成整个问题（即求解原始问题）的一条最优的活动路线。因为决策序列是在变化过程中产生的，故称为"动态规划"。

采用动态规划方法求解的问题必须满足"最优子结构"性质。所谓最优子结构是指问题的最优解包含了子问题的最优解。它是动态规划方法的理论基础。所谓最优子结构性质是指可以将求原始问题的最优解转化为求子问题的最优解。动态规划的多阶段决策过程就是把复杂问题分解为若干个相互联系的子问题（阶段）并动态地作出决策（即求出它们的最优解）。这些子问题之间是相互有关联的即是不独立的，常常包含有公共子问题。这些公共子问题在以后阶段决策中可能多次被用到。为了节省重复求解子问题的时间，对每个子问题都只求解一次并将结果存于一张表（数组）中（不管它在后面阶段是否用到），以避免每次遇到相同子问题时再重新求解。这是动态规划中的一个基本方法。这里需要存储的不仅有子问题的结果，更重要的是存储子问题本身。子问题的存储是最重要也是最复杂的。它们也就是决策过程中的所谓"状态"。

动态规划法的设计内容和一般步骤如下。

（1）划分阶段

按照问题的时间或空间特征，把问题划分为若干个阶段（子问题），且这些阶段应是有序的或可排序的，即可按照顺序求解，否则就不适合使用动态规划法。

（2）选择状态

将问题发展到各个阶段时所处的客观状况用状态表示出来，且这些状态必须满足无后效性。无后效性也称为无后向性，是一个问题能够使用动态规划求解的标志之一。它的含义简单来说就是"未来与过去无关"，当前状态是此前历史的一个完整总结，此前历史只能通过当前状态去影响未来的演变；未来状态的任何变化都不会影响到之前的状态。

（3）确定决策

依次研究相邻两个阶段状态与状态之间的关系，确定达成状态转移的决策方法和转移过程（称为状态转移方程）。状态转移方程通常是一个递推公式，获得这个递推公式是解决问题的关键之一。

（4）确定边界条件

对状态转移方程要确定递推的初始条件和终止条件。

动态规划是一种用途很广的问题求解方法，但它本身并不是一个特定的算法，而是求解最优化问题的一种思想、一种途径、一种方法。它不像其他算法那样，有一个标准的数学表达式和明确清晰的解题方法。动态规划法往往只针对一种最优化问题。由于各种问题的性质不同，确定最优解的条件也互不相同，因而动态规划方法对不同的问题。有各具特色的解题方法，而不存在一种万能的动态规划算法。因此，读者在学习时，除了要对基本概念和方法正确理解外，必须具体问题具体分析处理，以丰富的想象力去建立模型，用创造性的技巧去求解。

例 4.9　矩阵连乘问题。设有 n 个矩阵相乘，请设计算法找出所做乘法次数最少的计算顺序。

【题目分析】众所周知，$m \times n$ 阶与 $n \times p$ 阶两个矩阵相乘时，共需做 $m \times n \times p$ 次乘法运算，以及近乎相同次数的加法运算。由于加法运算比乘法运算简单、快速得多，所以以后只以乘法运算为代表，讨论矩阵相乘的计算工作量（简称为计算量）。根据数学定理，矩阵乘法满足结合律但不满足交换律。例如，假设有以下四个矩阵相乘。

$$M1 \quad \times \quad M2 \quad \times \quad M3 \quad \times \quad M4$$
$$[5 \times 20] \quad [20 \times 50] \quad [50 \times 1] \quad [1 \times 100]$$

如果按自左向右的顺序相乘，即（（M1×M2）×M3）×M4，共需 $5 \times 20 \times 50 + 5 \times 50 \times 1 + 5 \times 1 \times 100 = 5750$ 次乘法运算。

如果按自右向左的顺序相乘，即 M1×（M2×（M3×M4）），共需 $50 \times 1 \times 100 + 20 \times 50 \times 100 + 5 \times 2 \times 100 = 11500$ 次乘法运算。

但如果按（M1×（M2×M3））×M4 的顺序计算，共需 $20 \times 50 \times 1 + 5 \times 20 \times 1 + 5 \times 1 \times 100 = 1600$ 次乘法运算。

由此可见，不同计算次序可导致计算工作量的巨大差异。为了找出计算工作量最小的计算顺序，如果矩阵个数 n 很小，可以采用枚举法，但当 n 较大时，枚举方法就太复杂了。

从上述例子还可看出，该问题不能分解为独立的子问题，适合采用动态规划法，其递推和决策过程描述如下。

（1）从最小子问题开始求解，即所有 2 个矩阵相乘情况。它们的解都是唯一的。

（2）考虑所有 3 个矩阵相乘情况，即 2 个矩阵相乘后再乘以第 3 个矩阵的所有组合方式，从中找出 M1×M2×M3 三个矩阵相乘的最优解，即为（M1×M2）×M3 或 M1×（M2×M3）两者中的最优解。

（3）考虑所有 4 个矩阵相乘情况，即 M1×M2×M3×M4 的最优解。它为 3 个矩阵相乘的最优解再乘以第 4 个矩阵，即（M1×M2×M3）×M4、M1×（M2×M3×M4）、（M1×M2）×（M3×M4）中的最优解。

（4）以此类推，最后可得到 n 个矩阵相乘的最优解及其结合方式（计算次序）。

【算法设计】根据上述分析，算法设计过程如下。

（1）阶段划分

显然此问题的阶段是以相乘矩阵的个数划分的。

① 初始状态为 1 个矩阵相乘，计算量为 0。

② 第二阶段为 2 个矩阵相乘，共 $n-1$ 组，每组的计算量即为该组的最优解。

③ 第三阶段为 3 个矩阵相乘，共 $n-2$ 组，每组最少计算量即为该组的最优解。

④ 以此类推，每一阶段都在前一阶段基础上多一个矩阵相乘。

⑤ 最后一个阶段为 n 个矩阵相乘，共 1 组，该问题的最优解即为题目的最优解。

（2）选择状态并确定决策

将每个阶段的计算工作量作为状态。按照矩阵乘法原理，状态转移方程设计如下。

$$m_{i \cdots j} = \begin{cases} 0 & i = j \\ d_i \times d_j \times d_{j+1} & i = j-1 \\ \min(m_{i \cdot k} + m_{k+1 \cdot j} + d_i \times d_{k+1} \times d_{j+1}) \quad k = i, \cdots, j-1 & i < j-1 \end{cases}$$

$m_{i,j}$ 表示矩阵乘法 $M_i \times M_{i+1} \times \cdots \times M_j$ 的最小计算工作量，各矩阵的阶数依次为 $d_i \times d_{i+1}$, $d_{i+1} \times d_{i+2}$, $\cdots$, $d_j \times d_{j+1}$。

式中，$m_{i..k}$ 是矩阵乘法 $M' = M_i \times M_{i+1} \times \cdots \times M_k$ 的最小计算工作量，$m_{k+1..j}$ 是矩阵乘法 $M'' = M_{k+1} \times \cdots \times M_j$ 的最小计算工作量，$d_i \times d_{k+1} \times d_{j+1}$ 是矩阵乘法 $M' \times M''$ 的计算工作量。三者之和就是当前 k 值下的 $(M_i \times M_{i+1} \times \cdots \times M_k) \times (M_{k+1} \times \cdots \times M_j)$ 的计算工作量。当 k 从 i 逐次变到 j-1 时，它们中的最小值即为 $m_{i..j}$。

（3）记录最优组合方案

在算法设计中，不仅要求算出各种组合方式的最小计算工作量，更重要的是要记录最小计算工作量时的组合方式。为此需要设立 3 个数组。

① 一维数组 d，共 n+1 个元素，记录矩阵的阶，依次为 d_1，d_2，…，d_n，d_{n+1}。

② 二维数组 m，共 n 行 n 列，记录各种乘法组合方式中的最小计算工作量，其第 i 行第 j 列元素 m[i, j] 记录 $M_i \times \cdots \times M_j$ 的最小计算量 $m_{i..j}$。显然，此数组主对角线上元素的值均为 0，主对角线以下的元素无意义。

③ 二维数组 km，共 n 行 n 列，记录与数组 m 对应的最小计算量时乘法组合方式的 k 值，如 km[i, j] 表示计算 $M_i \times \cdots \times M_j$ 时最优乘法组合方式 $(M_i \times \cdots \times M_k) \times (M_{k+1} \times \cdots \times M_j)$ 的 k 值。显然，此数组主对角线及其以下的元素无意义。

例如，对前述 M1 × M2 × M3 × M4 的示例，求得的这三个数组的值如图 4-14 所示。

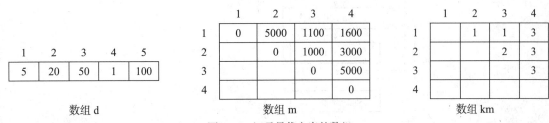

图 4-14　记录最优方案的数组

下面介绍对所得结果进行分析的方法。

结果分析过程采用逆推法。由 m[1, 4] 可知，M1 × M2 × M3 × M4 的最小计算工作量为 1600，其矩阵乘法组合方式 km[1, 4] 的值为 3，即在求最小值 $m_{1..4}$ 时 k = 3，可知其分组方式为 $m_{1..3}$ 和 $m_{4..4}$，即（M1 × M2 × M3）× M4。再来看 M1 × M2 × M3，由于 km[1, 3] 的值为 1，即在求最小值 $m_{1..3}$ 时 k = 1，可知其分组方式为 $m_{1..1}$ 和 $m_{2..3}$，即 M1 ×（M2 × M3）。因此可知计算 M1 × M2 × M3 × M4 的分组方式（计算顺序）为（M1 ×（M2 × M3））× M4。

在计算数组 m 各元素值时，算法中采用按步长计算的方法，步长 step 的值从 0 ~ n-1。当 step = 0 时，计算 $m_{1..1}$，$m_{2..2}$，$m_{3..3}$，…，$m_{n..n}$ 的值（均为 0）；当 step = 1 时，计算 $m_{1..2}$，$m_{2..3}$，$m_{3..4}$，…，$m_{n-1..n}$ 的值；当 step = 2 时，计算 $m_{1..3}$，$m_{2..4}$，$m_{3..5}$，…，$m_{n-2..n}$ 的值；依此类推，当 step = n-1 时，计算 $m_{1..n}$ 的值。在计算每个 $m_{i..j}$（即数组元素 m[i, j] 的值）时，将其在最小计算量时的分组 k 值记录到数组 km 的相应元素 km[i, j] 中。算法流程图如图 4-15 所示，其中处理框"计算 $m_{i..j}$ 及其 k 值"细化为图 4-16。

输出结果的方法可以是仅简单地输出 m 和 km 两个数组的值。用户经过分析可以得知矩阵乘法的组合方式。为方便用户阅读结果，最好能直接输出为乘法组合方式，例如对前述示例输出为（（M1（M2M3））M4），输出过程的递归算法如下。

过程名：Output。

过程参数：连乘矩阵的起始编号 i 和终止编号 j。

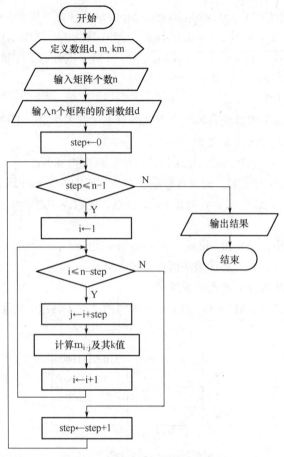

图 4-15　矩阵连乘问题算法流程图

算法过程如下。

```
IF i=j
THEN 输出显示"M"i
ELSE BEGIN
        输出显示"("
        调用 Output(I,km[i,j])
        调用 Output(km[i,j]+1,j)
        输出显示")"
    END
```

例 4.10　0-1 背包问题。一个强盗闯入一家商店要拿走一批物品，商店有 N 件物品，每件物品的重量为 w_i 斤、价值 v_i 元（$1 \leqslant i \leqslant N$）。强盗只有一个最多能装 ZD 斤的背包，如果强盗拿物品的原则是背走一包最值钱的东西，问该如何拿？假设物品不可分割，对每件物品要么选择整件拿走，要么选择不拿走。该问题称为 0-1 背包问题。

【题目分析】在 "4.3 贪心法" 一节中的例 4.6 和例 4.7 中已讨论过背包问题，得到的结论是 "部分背包问题可以采用贪心求得最优解，但 0-1 背包问题需要采用动态规划法求最优解"。本例使用动态规划法求解 0-1 背包问题。

【算法设计】为了便于讨论问题，假设每件物品的重量和背包容量都是整数，且约定每件物品

的重量 w_i 不大于背包容量 ZD。

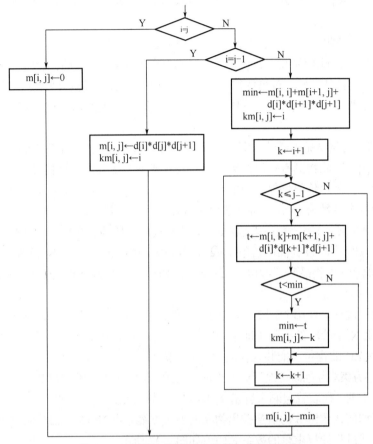

图 4-16　处理框"计算 $m_{i,j}$ 及其 k 值"的细化

使用一维数组 w 和 v 分别存放各件物品的重量和价值,其下标 i 对应物品编号,数组元素 w[i] 和 v[i] 的值表示第 i 号物品的重量 w_i 和价值 v_i(1≤i≤N)。

(1)阶段划分

因为物品是一件一件地装入背包的,阶段也就按照物品逐件划分,每个阶段决定一件物品是否装入背包。若已知背包当前剩余容量为 j,则对第 i 件物品(重量为 w[i])的取舍就可以按如下方法确定。

- 当 j<w[i]时,一定不能选取第 i 件物品。
- 当 j≥w[i]时,有可能装入第 i 件物品。

(2)选择状态和确定决策

选取每个阶段装入背包物品的总价值作为状态。状态转移方程中,设用 $s_{i,j}$ 表示将第 i 件物品放入剩余容量为 j 的背包后背包中物品的最大总价值,则递推公式可做如下表示。

$$S_{i,j} = \begin{cases} \begin{cases} 0 & j = 0,1,\cdots,w[n]-1 \\ v[n] & j = w[n],\cdots,ZD \end{cases} & i = N \\ \begin{cases} S_{i+1,j} & j = 0,1,\cdots,w[i]-1 \\ \max(S_{i+1,j}, S_{i+1,j-w[i]} + v[i]) & j = w[i],\cdots,ZD \end{cases} & i = N-1,\cdots,1 \end{cases}$$

上述公式的说明如下。

① 本算法先从最后一个编号的物品开始，即当 i = N，背包剩余容量 j 分别为 0，1，2，…，ZD 时，考虑是否装入本件物品。

- 若 j < w[N]，则此物品不能装入背包，$S_{N, j}$ 的值为 0。
- 若 j ≥ w[N]，则此物品装入背包，$S_{N, j}$ 的值为第 N 件物品的价值 v[N]。

② 从第 N-1 号物品开始，对每件物品逐件考虑若装入它是否能达到最优（即价值最大）。当背包剩余容量 j 分别为 0，1，2，…，ZD 时，是否装入第 i 件物品（i = N-1，…，1）以如下原则为基础。

- 若 j < w[i]，则此物品不能装入背包，背包中物品总价值 $S_{i, j}$ 仍保持原值 $S_{i+1, j}$ 不变。
- 若 j ≥ w[i]，则此物品有可能被装入背包，装或不装要分成两种情况讨论：不选取此第 i 件物品，则背包中物品总价值仍保持原值不变，即 $S_{i, j} = S_{i+1, j}$；若选取此第 i 件物品，那么只能是在前阶段背包剩余容量为 j-w[i]（即前阶段选取物品时背包剩余容量只能为 j-w[i]，加上第 i 件物品重量 w[i]后才能使本阶段背包剩余容量正好为 j，此时前阶段背包中物品的最大总价值为 $S_{i+1, j-w[i]}$）的基础上，加上第 i 件物品的价值 v[i]，使背包中物品总价值达到 $S_{i, j} = S_{i+1, j-w[i]} + v[i]$。

因此，是否将第 i 件物品装入背包，取决于上述两种情况下哪个 $S_{i, j}$ 值更大，即公式中的 max（$S_{i+1, j}$，$S_{i+1, j-w[i]} + v[i]$）。

经过上述决策过程，在第 i 阶段（即考虑第 i 件物品）可依次求出 $S_{i, 0}$，$S_{i, 1}$，…，$S_{i, ZD}$。

③ 经过如此 N 个阶段的推导（即 i = N，N-1，…，1），在最后一个阶段结束后，所求出的 $S_{1, ZD}$ 即为容量为 ZD 的背包所能装入物品的最大价值。

④ 输出装包方案。为存储每次计算所得的状态值，设立一个二维数组 S，共有 N 行（代表 1～N 号物品）ZD + 1 列（代表背包剩余容量从 0～ZD），数组元素 S[i, j]的值对应上述的 $S_{i, j}$。下面以一个示例说明如何从数组 S 的值逆推出物品的装入方案。设 N = 5，ZD = 8，5 种物品的重量、价值以及通过上述过程计算求得的数组 S 的值如图 4-17 所示。

1	2	3	4	5
3	1	2	4	3

重量数组 w

1	2	3	4	5
40	10	30	50	20

价值数组 v

	0	1	2	3	4	5	6	7	8
1	0	10	30	40	50	70	80	90	100
2	0	10	30	40	50	60	80	90	90
3	0	0	30	30	50	50	80	80	80
4	0	0	0	20	50	50	50	70	70
5	0	0	0	20	20	20	20	20	20

最大总价值数组 S

图 4-17 装包方案的结果

对 S[i, j]的分析方法为：S[i, j]表示在经过了 N-i + 1 阶段后，背包剩余容量为 j 时，背包中物品的最大总价值。此时，判断第 i 件物品是否被装入了背包，要看 S[i, j]是否等于 S[i + 1, j]，若两者相等，则该物品未装入背包；若两者不相等，则该物品装入了背包。两者不等时，前一阶段背包剩余容量应为 j-w[i]，下一步就要分析第 i+1 件物品是否被装入了背包，即要看 S[i + 1, j-w[i]]的值了，分析方法与对 S[i, j]的分析方法相似。

具体到本示例，要从 S[1, 8]开始分析。因为 S[1, 8]是题目的最终结果，所以它的值表示装入背包物品的最大总价值，即 100。

- 因为 S[1，8]≠S[2，8]，故 1 号物品被装入背包，背包剩余容量为最大容量减去 1 号物品的重量，是为 ZD-w[1] = 8-3 = 5，故下一步要看 S[2，5]。

- 因为 S[2，5]≠S[3，5]，故 2 号物品被装入背包，背包剩余容量为 5-w[2] = 5-1 = 4，故下一步要看 S[3，4]。

- 因为 S[3，4] = S[4，4]，故 3 号物品未被装入背包，背包剩余容量仍为 4，故下一步要看 S[4，4]。

- 因为 S[4，4]≠S[5，4]，故 4 号物品被装入背包，背包剩余容量为 4-w[4] = 4-4 = 0，故下一步要看 S[5，0]。

- 因为这时轮到最后一件物品，如果 S[5，0] = 0，则此物品未装入背包，否则此物品装入背包。此示例中第 5 号物品未被装入背包。

为记录某件物品是否被装入背包，设立一个有 N 个元素的一维数组 z，其下标对应物品编号。在上述分析过程中，当发现第 i 号物品被装入背包时，置 z[i] 为 1，否则置为 0。

0-1 背包问题的算法流程图如图 4-18 所示。

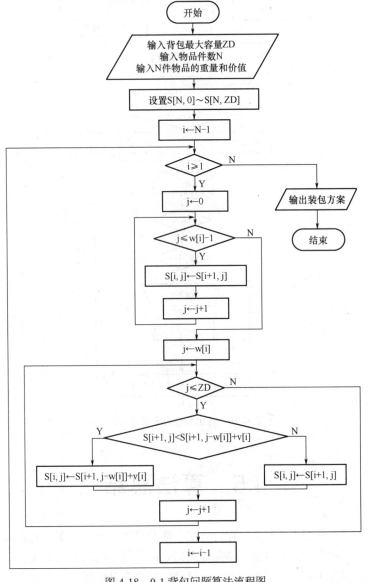

图 4-18　0-1 背包问题算法流程图

其中，处理框"设置 S[N, 0] ~ S[N, ZD]"的功能是计算第 1 阶段（对应第 N 号物品）的 $S_{N,0}$ ~ $S_{N,ZD}$ 的值。计算方法是先用一个循环结构先将数组元素 S[N, 0] ~ S[N, w[N]-1]置为 0，再用一个循环结构将元素 S[N, w[N]] ~ S[N，ZD]均置为 v[N]。

处理框"输出装包方案"的细化流程图如图 4-19 所示。

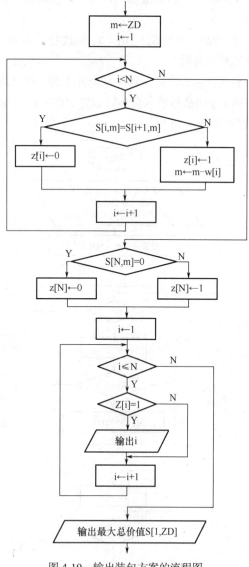

图 4-19　输出装包方案的流程图

4.5　算法总结

第 3 章和第 4 章共介绍了 7 种算法设计方法，涉及算法的不同方面，而实际上算法设计涉及算法策略和算法过程两个方面。算法策略是面向问题的，是解决问题的宏观思想、战略、谋略，具有方法论性质，而算法过程是面向实现的，是算法策略在具体实现中的方式、方法和技术。前述 7 种算法设计方法既是算法策略也是算法过程，但分治法、贪心法、回溯法、动态规划法更侧重于宏观层面解决问题的策略设计，在具体实现时算法过程一般仍使用枚举法、迭代法或递归法等基本方法，因此常常将分治法等称为分治策略、贪心策略、动态规划策略，而将枚举法等称为枚举算法、迭代算法、递归算法。第 3 章内容是基础、是根本，必须全面掌握、熟练运用，第 4章内容是思想、是战略，需要深入思考、仔细把握、全面领会、灵活运用。

算法策略与算法过程也是密不可分的。首先，只有通过一定的算法策略才能找到解决问题的具体算法，其次同一种算法策略也可采用不同的具体算法去实现。因此不必刻意区分什么是算法、什么是算法策略，比如枚举法，既是一种算法，也是一种解决问题的策略，还是一种分析问题的方法。又如递归方法，当用于考虑解决问题的思想时，它更侧重于策略方面，而当用于算法实现时就更侧重于是一种算法过程了。

本节将对已讲述的算法及其特点、适用对象等做简单总结和说明。

4.5.1 算法策略小结

1. 枚举法

枚举法是一种简单、直接地解决问题的方法，其基本思想是：在问题的解空间范围内，按照一定的顺序将所有可能的解一一列举出来，从中找出符合问题要求的解。

枚举算法通常用循环结构实现，枚举对象有几个就使用几重循环，通过循环嵌套将枚举对象的各种组合都一一罗列出来，从中找出满足要求的组合。

枚举法比较简单，设计算法时要重点注意优化，将与问题有关的知识条理化、完备化、系统化，从中找出规律，减少枚举工作量。

枚举法是计算机解决问题的一种基本方法。

2. 迭代法

迭代法是一个按照固定的推导法则（即迭代关系式）不断地由变量的旧值递推出新值的过程，其把一个规模较大的复杂问题的计算过程转化为简单过程的多次重复。

迭代算法一般都采用循环结构。如果迭代次数是已知的或确定的，控制迭代过程的方法就是使用一个固定次数的循环结构，由循环控制变量的初值、终值来控制迭代次数。如果迭代次数未知但可以分析出迭代终止条件，就将这个迭代终止条件作为循环控制条件。

迭代法是计算机解决问题的一种基本方法。

3. 递归法

使用递归法解决问题时，首先要将规模较大的复杂问题逐层转化为规模缩小了的同类问题，然后通过递归调用的方式求解问题，在每次递归调用中都使问题的计算规模小于上次，并逐渐达到递归终止条件。

递归就是在过程或函数中直接或间接地调用自身，因此，在使用递归法时，必须有明确的递归终止条件。当递归终止条件不满足时，递归前进。当递归终止条件满足时，递归返回。

递归算法只需少量的程序代码就可描述出解题过程所需要的多次重复，大大减少了程序的代码量。但递归算法的效率也较低，往往需要对同一问题多次重复计算。这不仅耗费大量计算时间，而且每次递归调用都需要大量额外的存储空间开销。

递归算法结构清晰简洁，易于阅读理解，是解决问题的一种常用方法。

4. 分治法

分治法的基本思想是分而治之，即将问题逐层分解为若干个规模较小、与原问题性质相同、结构相似的子问题,然后对这些子问题直接求解,最后将子问题的解合并为原问题的解。

注意分治法的基本思想描述中第一句话与递归法相似,因此分治法通常采用递归方法,一旦递归地求出各子问题的解后,便可自下而上地将子问题的解合并成原问题的解。

5. 回溯法

回溯法并不从一开始就试图在问题的整个规模上将所有可能的解逐一枚举出来,而只是从问题的一个最小规模开始,逐一枚举和检查它的候选解,当发现当前候选解不可能是正确解时,就放弃当前的候选解、选择下一个候选解继续试探。通过不断地试探—放弃—回溯过程,不断地扩大问题规模亦即扩大解的规模,最终达到在整个问题规模上求出解。

回溯法是一个既带有系统性又带有跳跃性的枚举式搜索算法。它首先将问题分解成一系列有序的子问题,这些子问题的所有可能的解按它们的顺序关系构成了解空间树,这棵树的每条完整路径都代表了一种可能解,其根结点为最初子问题的可能解。回溯法在包含问题的所有解的解空间树中,从根结点出发按照深度优先的策略搜索整个解空间树。当搜索至任一结点时,总是先判断该结点是否包含问题的解。如果包含,就进入该子树,继续按深度优先的策略进行搜索。如果不包含,则停止对以该结点为根的子树的搜索,向其祖先结点方向逐层回溯。

使用回溯法求问题的任一解时,只要搜索到问题的一个解就可以结束。如果需要求问题的所有解,就必须回溯到根,且根结点的所有子树都已被搜索遍才结束。用回溯法解题的一个显著特征是在搜索过程中动态产生问题的解空间。在任何时刻,算法只保存从根结点到当前扩展结点的路径。

回溯法本质上还是一种枚举法,回溯过程可以使用递归方法实现,也可以使用迭代方法实现。

6. 贪心法

贪心法的基本思想是,将问题分解为一系列性质相似但规模较小的子问题,然后对每一个子问题做出当前看来是最好的选择,即贪心法并不从整体最优上考虑,只是求出局部最优解,并将这些局部最优解合成为原问题的解。

贪心是一种策略,即每一步都要选择当前看来最好的,做完此选择后便将问题化为一个(仅仅是一个)子问题。这是一个顺序的求解过程。每一步求解时都是单独考虑,只考虑局部最优,并没有完成对之后子问题的求解,所以贪心算法不能完成对整个解空间的搜索,通常不能得到最优解。

贪心法每一步的当前选择可能要依赖已经作出的所有选择,但不依赖于有待于做出的选择和后续的子问题。因此贪心法自顶向下、一步一步地作出贪心选择,其求解过程比较简单。但是,贪心法对每个阶段的贪心策略的选择要无后效性,也正因为如此,它对适用问题的条件要求最严格,即适用范围较小。

7. 动态规划法

动态规划法是一种常用的系统分析方法,用来求解多阶段决策问题的最优解。它适用于具有明显阶段性的问题,其基本思想是:根据时空特点,将规模较大的复杂问题划分为规模较小、较为简单的相互联系的若干个子问题(阶段),按顺序求解各个子问题,对每个子问题都根据其当前状态求出最优解,前一子问题的解作为下一子问题的初始状态。依次解决各个子问题,最后一个子问题的最优解就是原始问题的最优解。

动态规划是一种用途很广的问题求解方法,但它本身并不是一个特定的算法,而是求解最优化问题的一种思想、一种途径、一种方法。

4.5.2　算法策略之间的关系及侧重解决的问题类型

1. 枚举法

枚举法简单、直接。但对于规模较大的问题，需要的枚举量太多、枚举空间过于庞大，将造成枚举算法效率低下甚至无法枚举，因此枚举法适用于解决规模较小、枚举量较少、解空间不大的问题。

枚举法常用于解决"是否存在"或"有多少种可能"等类型的问题，当用于决策类问题时，适用于很难找到信息之间的相互关系、也不易将问题分解为子问题的一类问题。对于规模不固定的问题就无法用固定重数的循环嵌套来枚举了，有的问题通过变换枚举对象也能用循环嵌套枚举实现，但更多的任意指定规模的问题是靠回溯法来"枚举"或"搜索"各种可能的解。

2. 迭代法

与贪心法相似，迭代法也是通过一步一步地解决当前问题而最终获得整个问题的解，但与贪心法不同的是，迭代法依赖于信息之间固定法则的递推关系，而且每一步递推不需要决策参与其中，因此迭代法更多的用于数值计算问题。

3. 递归法

递归法与递推法相似，依赖于大问题与子问题之间的递归关系，因此适用于能够被分解为规模缩小了的、结构与性质相同、与原问题解决方法相似的子问题且子问题应是收敛的问题，即有明确的递归终止条件。

递归方法不仅是一种算法，也是一种策略、一种解决问题的方法。递归方法是计算机解决问题的常用方法，在分治算法、动态规划算法中也经常将递归方法作为解决问题的策略和具体算法。

4. 分治法

分治法适用于求解规模较大、较复杂的问题。它将问题分解成性质相同、相互独立的子问题，子问题的解可以合并成原问题的解。如果分解成的子问题不是相互独立的，分治法就需要重复地求解公共子问题，造成效率低下，而这类问题更适合采用动态规划法。如果子问题的解不能合并成原问题的解，则应考虑使用贪心法或动态规划法。

5. 回溯法

回溯法本质上是穷举法，但它并不需要将解空间中的所有可能解都一一枚举出来，它在对解空间树的搜索过程中，对解空间树进行大量剪枝，即当搜索至任一结点时，如果判断该结点不包含问题的解，则跳过对以该结点为根的子树，向其祖先结点逐层回溯。这将大大提高搜索效率。

枚举法适用于解决规模较小、枚举量较少、解空间不大的问题，但对于规模较大或规模不固定的问题，无法用固定重数的循环嵌套来枚举了，就可考虑使用回溯法。

当遇到某一类问题时，如果不能得出明确的动态规划或递归解法，可以考虑用回溯法解决。回溯法的优点在于其程序结构明确，可读性强，易于理解。但是对于可以得出明显的递推公式迭代求解的问题，还是不要用回溯法，因为它花费的时间比较长。

6. 贪心法

贪心法对适用问题的条件要求严格，适用范围较小，尤其不能用于求最优解（最大值、最小值）性质的问题。

如果想要得到最优解，需要对问题性质有更严格的要求，除了要有最优子结构外，还要求问题具有贪心选择性质，即每个子问题经过一次贪心选择后只能形成一个后续子问题（求解空间就是一个线性空间）。满足上述条件的贪心算法可以得到最优解。

7. 动态规划法

动态规划法求解的问题必须具有明显的阶段性和满足"最优子结构"性质，主要用于最优化问题。这类问题需要从多种解中找出最优解，在求解过程中，也是通过求局部子问题的最优解达到全局最优解。

动态规划法的实质是分治思想和解决冗余。动态规划法与分治法和贪心法类似，都是将问题分解为规模更小、性质相似的子问题，并通过求解子问题产生一个全局解。但与分治法和贪心法不同的是，动态规划允许这些子问题不独立（即包含公共子问题）。该方法对每一个子问题只求解一次，并将结果保存起来，使以后每次需要时可直接使用而不必每次都重新计算。

与贪心法相似，动态规划法也是通过多阶段决策过程来解决问题，其每个阶段决策结果构成一个结果序列。但与贪心法不同的是，在这个结果序列中，最终哪一个是最优的结果，还取决于以后各个阶段的决策。

动态规划法与分治法相似，都是利用递归思想，当问题不能分解为独立的子问题却又符合最优子结构时，就可以使用动态规划法，通过动态决策过程逐步找出子问题的最优解，从而求出问题的最优解。

由上述分析可知，枚举法、回溯法都是逐一罗列或搜索每个可能解、逐一比较求解的方法。枚举法是将解空间的全部可能解都要罗列出来，而回溯法在对解空间树的搜索过程中，通过对解空间树进行剪枝大量舍弃不可能的解，故能够提高求解效率。

分治法和动态规划法都是对问题进行分解的算法策略，都是通过求解子问题最终获得原问题的解。不同之处是适用于分治法的问题能分解为独立的子问题，而动态规划法正相反，其可以解决包含有公共子问题的问题。因此，动态规划法 = 分治算法思想 + 解决子问题间的冗余。

迭代法、递归法、贪心法和动态规划法都是多阶段逐步解决问题的策略，其中，迭代法、递归法注重每一步之间的关系，决策的因素较少。迭代法是根据信息之间固定法则的递推关系从前向后或从后向前推导，最终从小规模问题的解推出大问题的解。而递归法根据大问题与子问题之间的递归关系从后向前求解，使大问题转化为小问题，最后同样由小问题的解推出大问题的解。

而贪心算法和动态规划法都将决策加入到多阶段解决问题的过程中。贪心法每一步的当前选择可能要依赖已经作出的所有选择，但不依赖于有待于做出的选择和后续的子问题。而动态规划算法每一步决策得到的不是一个唯一结果而是一组中间结果，在这些中间结果中，最终哪一个是最优的结果还取决于以后各个阶段的决策。

一般来说在使用计算机解决实际问题时，按问题性质主要分为四类，即判定性问题、计算问题、最优化问题和构造性问题。它们适用的方法可归类为如下。

（1）判定性问题：可采用枚举法、递推法、递归法。

（2）计算问题：可采用递推法、递归法。

（3）最优化问题：可采用贪心算法、动态规划法、枚举法、分治法。

（4）构造性问题：可采用贪心算法、分治法、回溯法。

思 考 题

1. 数组 a 中按从大到小顺序存放有 20 个整数，要求用二分法查找其中是否有数值 90，若有则输出其位置，否则输出"未找到"信息。

2. 对于输入的 10 个整数，用快速排序法将它们降序排序，并输出排序后的结果。

3. A、B 两地相距 S 千米，有 3 人要从 A 地到 B 地，但只有一辆自行车且自行车只能带一人。若人步行速度为 a，自行车骑行速度为 b，问如何才能是 3 人尽快到达目的地？

4. 一个农夫要带一只狼、一只羊和一棵白菜过河，但只有一条小船，小船只能容纳农夫和其他一样东西。如果农夫不在时，狼会吃掉羊，羊会吃掉白菜。请设计算法，使他们都能安全地过河。

5. 3 个驯兽师要带 3 只猴子过河，但只有一条小船，小船载重量只允许同时有最多两人或一人一猴或两猴乘坐。在过河过程中，如果留在一侧岸上的猴子数多于人数，猴子就会逃跑。假设猴子也会划船，请设计一个安全的渡河方案。

6. 某运输公司需要运送 n 件物品，它们的体积分别为 $v_1 \sim v_n$，每辆运输车集装箱的容量均为 V，要求用尽可能少的汽车运送，问如何装箱？

7. 给超市收银员设计一个找零方案，当输入应收金额、收到金额后，计算出有多少种找零方案。

8. 某班要给同学发放助学补助金（精确到元），为保证不临时兑换零钱，需要统计出每个人补助金所需各种币值的张数。请设计算法使取款的张数最少。

9. 设有图 4-8 所示的交通图。某人从某城市出发到另一城市旅游，请设计旅游路线使所花费用最少。

10. 设计算法产生一个长度不大于 n 的、由字符 1、2、3 组成的字符序列，要求其中不能有两个相邻的任意长度的子序列是相同的。例如，若 $n = 6$，字符序列 131213 是允许的，但 11、1212、131212、132132 都是不允许的。

11. 甲乙两人轮流从 54 张扑克牌中取牌，每次最少拿 1 张，最多拿 4 张，最后拿牌的人输。请设计算法让先拿牌者胜出。

12. 素数环问题。把 1 ~ 20 这 20 个数摆成一个圆圈，要求相邻两个数的和为素数。请给出摆放方法。

13. 设有 n 个零件要在由两台机器 M1 和 M2 组成的流水线上加工。每个零件加工的顺序都是先在 M1 上加工，然后在 M2 上加工。设第 i 个零件 M1 和 M2 加工所需的时间分别为 A_i 和 B_i。如何安排加工顺序，才能使完成这些零件加工所需的时间最少？

14. 某银行有 n 个服务窗口，对每个客户的服务时间在 t1 ~ t2 之间，客户随机到来，服务完毕后离开。新来的客户获得一个顺序号，进入等待队列。当某窗口服务完一个客户后，按顺序呼叫下一客户。请设计一个银行叫号系统。

15. 键盘输入一个高精度的正整数 n，去掉其中任意 s 个数字后剩下的数字按原次序将组成一个新的正整数。对给定的 n 和 s，寻找一种方案使得剩下的数字组成的新数最小，且使输出包括所去掉的数字的位置和组成的新的正整数（不超过 240 位）。

16. 有一个由数字 1 ~ 9 组成的数字串，要把 n 个加号插入到数字串中，使得到的和值最小。要求加号的前后必须有数字，且 n 小于数字串的长度。请设计算法。

第5章
算法的评价与分析

5.1　算法的评价

算法是计算机科学和软件工程的基础。现实中任何软件系统的性能都依赖于两个方面，即算法和其在各不同层次实现的效率。对软件系统的性能而言，好的算法设计是至关重要的。对于解决同一个问题，往往可以设计出许多不同的算法。例如，对于数据的排序问题，可以用选择排序、冒泡排序等多种算法。这些排序算法，各有优缺点，其算法性能如何有待用户的评价。因此，对问题求解的算法优劣的评定称为算法评价。算法评价的目的在于从解决同一问题的不同算法中选择出较为合适的一种算法，或者是对原有的算法进行改造、加工，使其更优、更好。

算法的评价有多方面的标准，首先是正确性，其次是算法的复杂度（或称为效率复杂度，包括时间复杂度和空间复杂度），最后是算法的通用性、稳健性和可读性。

一个算法应设计为解决一类问题，而不是只为解决某个特定问题，即算法应具备通用性、可重用性和可扩充性。

算法的稳健性即当输入的数据为非法数据时，算法应恰当地做出反应或进行相应处理，而不是出现莫名其妙的输出结果或死机。这就需要充分地考虑到可能的异常情况，并且处理出错的方法不应是简单地中断算法的执行，而应是返回一个表示错误或者错误性质的值，以便在更高的抽象层次上进行处理。

算法主要是为了人的阅读和交流，其次是让计算机执行。算法的可读性即算法应该易于人的理解，因为晦涩难读的算法容易隐藏较多的错误而使实现此算法的程序的调试工作非常困难。有些算法写的只有设计者自己能看懂，实用价值低。

5.1.1　算法的正确性

正确性是设计和评价一个算法的首要条件，如果一个算法不正确，其他方面就无从谈起。一个正确的算法是对每一个输入数据产生对应的正确结果并且终止，也就是说一个正确的算法能够解决给定的计算问题，而错误的算法对于某些输入或者不能得到预期的正确结果，或者不能终止。

"正确"一词的含义可分为4项。

（1）程序没有语法错误。

（2）输入几组数据，程序能得到满足规格说明要求的结果。

（3）输入典型、苛刻的几组数据，程序能得到满足规格说明要求的结果。

（4）对于一切合法的输入数据，程序都能得到满足规格说明要求的结果。

算法的正确性至关重要。证明一个算法对所有可能的合法输入都能计算出正确结果的过程称为算法确认。而使用某种程序设计语言描述的算法，即程序，要在计算机上运行，也需要证明该程序是正确的。这一工作称为程序证明。

算法确认和程序证明的研究难度非常大，最主要的途径是采用形式化逻辑的方法，目前能够广泛应用的研究成果还很少。也就是说，从理论角度证明算法和程序的正确性在大部分软件中目前还难以实现。一般采用测试的方法来验证软件的正确性。

5.1.2　算法的时间复杂度

一个算法的复杂度高低体现在运行该算法需要的计算机资源的多少。所需要的计算机资源越多，就说明该算法的复杂度越高。所需要的计算机资源越少，就说明算法的复杂度越低。计算机的资源，最重要的是时间资源和空间资源。因此，算法的复杂度包括算法的时间复杂度和算法的空间复杂度。

一个算法执行所需的时间，必须上机运行测试才能知道。但是实际上不可能对每个算法进行上机测试，因此只需知道哪个算法用的时间多，哪个算法用的时间少就可以了。

算法的运行时间是指根据该算法编写的程序在计算机上运行时所消耗的时间。它大致等于计算机执行简单操作（如赋值操作，比较操作等）所需要的时间与算法中进行简单操作次数的乘积。通常把算法中包含简单操作次数的多少叫做"算法的时间复杂度"。它是一个算法运行时间的相对度量，一般用数量级的形式给出。度量一个程序的执行时间通常有以下两种方法。

① 事后统计的方法。因为很多计算机内部都有计时功能，有的甚至可精确到毫秒级，不同算法的程序可以通过一组或若干组相同的统计数据来分辨优劣。这种方法有两个缺点，一是必须先运行依据该算法编写的程序，二是统计的时间依赖于计算机硬件、软件等因素。因此，经常采用事前分析估算的方法。

② 事前分析估算的方法。在算法实现之前，对算法的效率进行分析，判断算法的优劣。

在实践中，可以把两种方法结合起来使用。

用高级语言编写的程序在计算机上运行时所用的时间取决于以下因素。

① 算法设计选用哪种策略。不同算法、不同策略所消耗的 CPU 时间不同。

② 问题的规模。例如求 1000 以内还是 10000 以内的素数。

③ 实现算法的程序设计语言。对于同一个算法，实现算法的语言级别越高，执行效率越低。

④ 编译程序所产生的机器代码的质量。

⑤ 计算机执行指令的速度。

同一个算法用不同的语言实现，或者用不同的编译程序进行编译，或者在不同的计算机上运行时，效率均不相同。这表明使用绝对的时间单位衡量算法的效率是不合适的。因此，算法的时间复杂度并不能真正以运行时间来度量，而通常使用执行算法所需要的计算工作量来度量。

算法的计算工作量是用算法所执行的基本运算次数来度量。所谓基本运算，一种方法是使用初等操作，如算术运算、赋值运算、比较和逻辑运算等，执行这些运算所花费的是一个常数时间间隔。在这种模型下，算法的运行时间即时间复杂度 $T(n)$ 是统计在输入数据量为 n 时（n 为问题的规模）所有初等操作数量的总和。

例如，在以下所示的两个 $N \times N$ 的矩阵相乘的算法中，"乘法"运算是"矩阵相乘问题"的基本操作。算法的执行时间与乘法重复执行的次数 n^3 成正比，记作 $T(n) = O(n^3)$。"O"的形式

定义为：若 $f(n)$ 是正整数 n 的一个函数，则 $x_n = O(f(n))$ 表示存在一个正的常数 M，使得当 $n \geq n_0$ 时满足 $|x_n| \leq M|f(n)|$。具体算法如下。

```
for (i=1;i<=n;i++)
    for (j=1;j<=n;j++)
        {
            k[i][j]= 0;
            for (m=1;m<=n;m++)
                k[i][j]= k[i][j]+a[i][m] * b[m][j];
        }
```

一般情况下，算法所执行的基本运算次数是问题规模 n 的函数 $f(n)$，算法的时间量度记作 $T(n) = O(f(n))$。它表示随着问题规模 n 的增大，算法执行时间的增长率和 $f(n)$ 的增长率相同。这称作算法的渐进时间复杂度，简称时间复杂度。

再如，在以下三个程序段中，也存在多重循环。

① a=a+1;

② for(i=1;i<=n;i++)

　　a=a+1;　　　/* 一个 for 循环，循环体内 a=a+1; 执行了 n 次 */

③ for (i=1;i<=n;i++)

　　for (j=1;j<=n;j++)

　　　　a=a+1;　　/* 嵌套的双层 for 循环，循环体内 a=a+1; 执行了 n^2 次　　*/

①中，基本运算"a = a + 1;"只执行一次。重复执行次数为 1。

②中，由于有一个循环，因此基本运算"a = a + 1;"执行了 n 次。

③中，嵌套的双层循环，因此基本运算"a = a + 1;"执行了 n^2 次。

如此以来，这三个程序段的时间复杂度分别为 $O(1)$、$O(n)$ 和 $O(n^2)$。常见的大 O 表示形式如下。

- $O(1)$ 称为常数级。
- $O(\log n)$ 称为对数级。
- $O(n)$ 称为线性级。
- $O(n^c)$ 称为多项式级。
- $O(c^n)$ 称为指数级。
- $O(n!)$ 称为阶乘级。

在 Hanio 塔问题中，需要移动的盘子次数为 2^n-1，则该问题的算法时间复杂度表示为 $O(2^n)$；计算 $1+2+3+\cdots+100$ 的算法时间复杂度表示为 $O(1)$；计算 $\sum n$ 或 $1/1+1/2+1/3+1/4+\cdots+1/n$ 的算法时间复杂度表示为 $O(n)$；计算第 n 项 Fibonacci 数列的算法时间复杂度表示为 $O(n)$。

例：如下求解 $n!$ 的递归算法的时间复杂度也能求出。

$$\begin{cases} n! = 1 & n = 0,1 \\ n! = (n-1)! * n & n > 1 \end{cases}$$

设递归计算第 n 项的运行时间（基本运算次数）为 $T(n)$，则有如下关系式。

$$\begin{cases} T(n) = 1 & n < 2时 \\ T(n) = T(n-1) + 1 & n >= 2时 \end{cases}$$

因此，$T(n) = 1 + 2 + 3 + \cdots + n-1 = n(n-1)/2$，其渐近时间复杂度为 $O(n^2)$。

在阶乘级的算法中，如果问题规模 n 为 10，则算法时间复杂度为 10!（3 628 800）。要检验

10! 种情况，假设每种情况需要 1 毫秒的计算时间，则整个计算需 1 小时左右。一般来说，如果选用了阶乘级的算法，则当问题规模等于或者大于 10 时，就要认真考虑算法的适用性问题。

算法时间复杂度应考虑在最好、最坏和平均情况下的不同。平均情况往往不容易计算，所以，一般只考虑最坏情况下的时间复杂度。

对于较复杂的算法，应将它分成容易估的几个部分，然后用 O 的求解原则计算整个算法的时间复杂度。最好不要采用指数级和阶乘级的算法，而应尽可能选用多项式级或线性级等时间复杂度较小的算法。

例 5.1　中国古代《算经》有一题："鸡翁一，值钱五；鸡母一，值钱三；鸡雏三，值钱一。百钱买百鸡，问鸡翁、母、雏各几何？"。分析算法的时间复杂度。

【算法设计】公鸡每只 5 元，母鸡每只 3 元，小鸡每 3 只 1 元。用 100 元钱买 100 只鸡，问公鸡、母鸡、小鸡各买多少只？

设公鸡、母鸡、小鸡的数量分别为 x、y、z，则可列出如下方程组。

$$\begin{cases} x+y+z=100 \\ 5x+3y+z/3=100 \end{cases}$$

虽然上述方程组无法用数学方法直接求解，但这类问题正好适合采用枚举法解决。我们以公鸡、母鸡、小鸡的数量为枚举对象。根据"百钱"条件和每类鸡的价格条件可知，公鸡数 x、母鸡数 y、小鸡数 z 的枚举范围分别是 0～20、0～33、0～100，判定条件则是鸡的总数为 100 且总钱数为 100，枚举结束条件是将枚举范围内三类鸡数量的各种可能组合都测试完毕。此算法需要枚举尝试 $21 \times 34 \times 101 = 72114$ 次，算法的效率很低。

实际上，上述算法可以优化，因为在枚举了公鸡数 x 和母鸡数 y 后，根据"百鸡"条件，小鸡 z 的数量不必再枚举了，其值为 $z = 100-x-y$，判定条件则只剩下总钱数为 100 了，枚举结束条件是将枚举范围内公鸡和母鸡数量的各种可能组合都测试完毕。

上述"将枚举范围内公鸡和母鸡数量的各种可能组合都测试"的算法实现时必须使用两重循环结构，外层循环枚举一个对象（本例中枚举的是公鸡数 x），内层循环枚举另一个对象（本例中枚举的是母鸡数 y）。x 和 y 都采取递增的方式，x 从 0 逐次递增到 20，y 从 0 逐次递增到 33。这样，在内层循环的循环体中，就可获得两个枚举对象的值的各种可能组合。算法流程图如图 5-1 所示。此算法使用了两重循环结构，其内层循环的循环体共需执行 $21 \times 34 = 714$ 次，算法效率提高。

实际上，此题还有效率更高的算法。根据题目，可列出如下方程组。

$$\begin{cases} x+y+z=100 \\ 5x+3y+z/3=100 \end{cases}$$

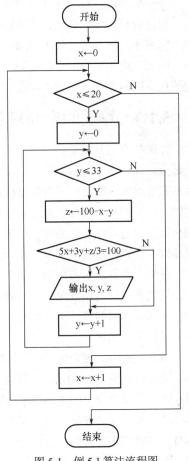

图 5-1　例 5.1 算法流程图

解方程得 $y = (100-7x)/4$。

让 x 从 0 到 14 逐次取值，每次计算出 y 和 $z = 100-x-y$，并判断是否满足百钱条件即可。算法流程图如图 5-2 所示。此算法的循环体只需执行 15 次，算法效率得到显著提高。

百钱买百鸡问题，改为 n 钱买 n 鸡，可得到如下穷举法算法。

$$\begin{cases} 5x+3y+z/3 = n \\ x+y+z = n \end{cases}$$

解以上方程得 $T(n) \approx 13n^3 + 4n^2 + 4n + 1$。

显然，当 n 增大时，相当于 n^3 来说，n^2 和 n 可忽略不计，影响算法时间复杂度的最主要因素是 n^3。这种近似计算的结果称为渐近时间复杂度。

上例的渐近时间复杂度为 cn^3，c 是一个正常数，当 n 增大时，c 的作用很小，也可以忽略不计。此时称渐近时间复杂度的阶为 n^3，用记号 O（读大 O）表示为 $O(n^3)$。

改进后的算法的渐近时间复杂度为 $O(n^2)$。

进一步改进后算法的渐近时间复杂度为 $O(n)$。

通过分析，可以看出，从算法一到算法三，时间复杂度在不断减小。通过"百钱买百鸡"问题算法的分析可知，同一个问题，由于解决的思路不同，算法的性能也不同，我们应该从不同的角度分析解决问题，努力提高算法的效率。

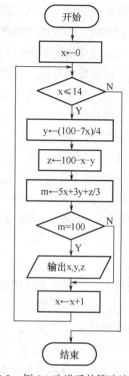

图 5-2　例 5.1 改进后的算法流程图

5.1.3　算法的空间复杂度

算法的空间复杂度是指执行这个算法所需要的内存空间。一个算法所占用的存储空间包括 3 个部分，即程序本身所占用的存储空间、输入的数据所占用的存储空间以及算法执行过程中所需要的额外空间。额外空间包括算法程序执行过程中的工作单元和某种数据结构所需要的附加存储空间。如果额外空间量相对于问题规模来说是常数，即额外空间量不随问题规模的变化而变化，则称该算法是原地工作的。在许多实际问题中，为了减少算法所占用的存储空间，通常采用压缩存储技术，以便尽量减少不必要的额外空间。

分析一个算法所占用的存储空间要从各方面综合考虑。如对于递归算法来说，一般都比较简短，算法本身所占用的存储空间较少，但运行时需要一个附加堆栈，从而占用较多的临时工作单元。若写成非递归算法，一般可能比较长，算法本身占用的存储空间较多，但运行时将可能需要较少的存储单元。

与算法的时间复杂度类似，算法的空间复杂度可表示为 $S(n) = O(f(n))$，其中，n 为问题的规模。随着问题规模 n 的增大，算法所需存储空间的增长率与 $f(n)$ 的增长率相同。一个上机执行的程序除了需要存储空间来存放本身所用指令、常数、变量和输入数据外，也需要一些对数据进行操作的工作单元和存储一些为实现计算所需信息的辅助空间。若输入数据所占空间只取决于问题本身，和算法无关，则只需分析除输入和程序之外的额外空间，否则应同时考虑输入本身所需空间。如果所占空间量依赖于特定的输入，则除特别说明外，空间复杂度均按最坏情况来分析，即以所占空间可能达到的最大值作为其空间复杂度。

对于一个算法，其时间复杂性和空间复杂性相互影响。当追求一个较好的时间复杂性时，可能导致占用较多的存储空间，使空间复杂性的性能很差。当追求一个较好的空间复杂性时，可能导致占用较长的运行时间，使时间复杂性的性能很差。需要指出的是，时间效率和空间效率往往是相互矛盾的。在算法设计中，很多情况下可以"以空间换时间，以时间换空间"。

算法的复杂度分析不仅可以对算法的好坏作出客观评估，同时对算法设计本身也有着指导性作用。在解决实际问题时，算法设计者在判断所想出的算法是否可行时，通过对算法作事先评估能够大致得知这个算法的优劣，从而决定是否采纳该算法。这样就避免把大量的精力投入到低效算法的实现中去。

算法的所有性能之间相互影响。当设计一个算法，尤其是大型算法时，要综合考虑算法的各项性能，例如算法的使用频率、算法处理的数据量大小、算法描述语言的特性以及运行算法的系统环境等各方面因素，才能设计出较好的算法。

5.2　算法的分析

算法分析是对一个算法需要多少计算时间和存储空间作定量的分析。同一问题可用不同算法解决，而一个算法的质量优劣将影响到算法以及程序的效率。算法分析的目的是对解决同一问题的不同算法的有效性作出比较，然后选择适用算法和改进算法。

5.2.1　最优算法

最优算法指求解某类问题中效率最高、性能最好的算法。最优算法一般只是从时间复杂度角度定义的，未考虑算法的空间复杂度，主要原因是在一个合理的范围内使用空间，时间比空间更重要。

最优算法有如下两种。

① 最坏情况：设 A 是解某个问题的算法，如果在解这个问题的算法类中没有其他算法在最坏情况下的时间复杂性比 A 在最坏情况下的时间复杂性低，则称 A 是解这个问题在最坏情况下的最优算法。

② 平均情况：设 A 是解某个问题的算法，如果在解这个问题的算法类中没有其他算法在平均情况下的时间复杂性比 A 在平均情况下的时间复杂性低，则称 A 是解这个问题在平均情况下的最优算法。

一般最优算法是指在最坏情况下的最优算法。

如果有两个算法都是最优算法，就需要进一步比较两个算法的时间复杂度表达式中高阶项的常数因子。常数因子小的算法优于常数因子大的算法。

在分析一个算法的工作量时，在同一个问题规模下，算法所执行的基本运算次数还可能与特定的输入有关。当输入不同时，算法所执行的基本运算次数不同。

例 5.2　对输入的 10 个整数，采用冒泡排序法做升序排序，并输出排序后的结果。分析算法的复杂度。

【算法设计】排序是计算机程序设计中常见的一种重要操作。通过排序操作，使原先处于无序排列的多个数据元素，变为按照其值（或关键字）有序排列。如果数据是存放在数组中，有序排列是指按照数组下标的递增顺序将数组元素按要求（非递减或非递增）排列。

排序方法有很多种，包括冒泡法、选择法、快速法、归并法等，方法不同其排序效率也不同。冒泡排序法是一种典型的交换排序法，其基本思想是：从头到尾依次扫描待排序数据，在扫描过程中依次比较相邻两个数据的大小，根据排序要求决定是否将这两个数据交换位置。重复上述过程直到排序完成。

通过对排序过程的分析，归纳总结出如下的排序一般规律。

① 设需对 n 个数（存于 a[1] ~ a[n] 数组元素中）排序，则需进行 n-1 轮比较-交换排序操作，且第 i 轮（i = 1 ~ n-1）需比较 n-i 次。

② 若用变量 j 表示第 i 轮比较中的比较次序，则 j = 1 ~ n-i，显然 j 也正好是每次比较的相邻元素的下标，即每次比较的是 a[j] ~ a[j + 1]，并根据比较结果决定是否进行交换。

在绘制冒泡排序流程图时，需要使用两重循环，外层循环控制比较轮次 i（i = 1 ~ n-1），内层循环控制第 i 轮比较过程中的比较次序 j（j = 1 ~ n-i）。在内层循环的循环体中，完成比较 a[j] ~ a[j + 1]并根据比较结果决定是否进行交换。

根据本例题目要求，算法流程图中首先使用一个循环结构输入 10 个数到数组 a 中，然后进行冒泡排序，最后再使用一个循环结构输出排序后的结果。算法流程图如图 5-3 所示。

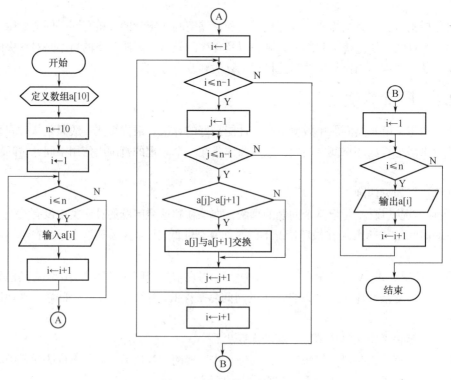

图 5-3　例 5.2 算法流程图

冒泡排序算法中，对输入序列进行从小到大排序并"交换序列中相邻两个整数"为基本操作。若这些基本操作少，则相应计算工作量就少。例如，以下 3 组序列的计算工作量就不同。

① 3 4 5 6 7
② 3 5 4 7 6
③ 7 6 5 4 3

可以看出，序列①所需的计算工作量最少，因为它已经是从小到大排列，基本操作的执行次数为 0；而序列③所需的计算工作量最多，因为它是从大到小排列，需对长度为 n 的线性表排序，基本操作的执行次数为 $n(n-1)/2$。

对这类算法的分析，一种解决的方法是计算平均值，此时相应的时间复杂度为算法的平均时间复杂度。在很多情况下，各种输入数据集的概率很难确定，算法的平均时间复杂度也就难以确定。另一种更可行的方法是讨论算法在最坏情况下的时间复杂度。在冒泡排序中，输入上述序列③是从大到小排列，则冒泡排序算法在最坏情况下的时间复杂度为 $T(n) = O(n^2)$。在实践中，算法的时间复杂度一般只考虑最坏情况下的时间复杂度。

综合比较常用排序算法的时间复杂度和空间复杂度，结果如表 5-1 所示。

表 5-1　　　　　　　　　　　　　常用排序算法复杂度比较

排序方法	最好时间	平均时间	最坏情况时间	辅助存储	稳定性
冒泡排序	$O(n)$	$O(n^2)$	$O(n^2)$	$O(1)$	稳定
选择排序	$O(n^2)$	$O(n^2)$	$O(n^2)$	$O(1)$	不稳定
归并排序	$O(n\lg n)$	$O(n\lg n)$	$O(n\lg n)$	$O(n)$	稳定
快速排序	$O(n\log_2 n)$	$O(n\log_2 n)$	$O(n^2)$	$O(\log_2 n)$	不稳定

所有相等的数经过某种排序方法后，仍能保持它们在排序之前的相对次序，则这种排序方法是稳定排序，反之，就是非稳定排序。例如，一组数排序前是 a1、a2、a3、a4、a5，其中 a2 = a4，经过某种排序后为 a1、a2、a4、a3、a5，则这种排序是稳定的，因为 a2 排序前在 a4 的前面，排序后它还是在 a4 的前面。假如变成 a1、a4、a2、a3、a5 就不是稳定的了。

1. 冒泡排序算法

若文件的初始状态是正序的，一趟扫描即可完成排序。所需的比较次数 C 和记录移动次数 M 均达到最小值，即 $C_{min} = n-1$、$M_{min} = 0$。所以，冒泡排序最好的时间复杂度为 $O(n)$。

若初始文件是反序的，需要进行 $n-1$ 趟排序。每趟排序要进行 $n-i$ 次关键字的比较（$1 \leqslant i \leqslant n-1$），且每次比较都必须移动记录 3 次来达到交换记录位置。在这种情况下，比较和移动次数均达到最大值，即 $Cmax = n(n-1)/2 = O(n^2)$ 和 $Mmax = 3n(n-1)/2 = O(n^2)$。因此，冒泡排序的最坏时间复杂度为 $O(n^2)$，而冒泡排序总的平均时间复杂度为 $O(n^2)$。

2. 选择排序算法

选择排序的交换操作介于 0 和 $n-1$ 次之间，比较操作介于 0 和 $n(n-1)/2$ 次之间，赋值操作介于 0 和 3（$n-1$）次之间。

选择排序的比较次数为 $O(n^2)$，比较次数与关键字的初始状态无关，总的比较次数 $N = (n-1) + (n-2) + \cdots + 1 = n*(n-1)/2$。

选择排序的交换次数为 $O(n)$，最好情况是，已经有序，交换 0 次；最坏情况交换 $n-1$ 次，逆序交换 $n/2$ 次。交换次数比冒泡排序少多了，由于交换所需 CPU 时间比比较所需的 CPU 时间多，所以，n 值较小时，选择排序比冒泡排序快。

3. 归并排序算法

时间复杂度为 $O(n\lg n)$是该算法中最好、最坏和平均的时间性能。归并算法的空间复杂度为 $O(n)$。归并排序比较占用内存，但却是一种效率高且稳定的算法。

4. 快速排序算法

由于快速排序法也是基于比较的排序法，其运行时间为 $O(n\log_2 n)$，所以如果每次划分过程产

生的区间大小都为 $n/2$，则运行时间 $O(n\log_2 n)$ 就是最好情况运行时间。由于快速排序法也是基于比较的排序法，其运行时间为 $O(n\log_2 n)$，因此如果每次划分过程产生的区间大小都为 $n/2$，则运行时间 $O(n\log_2 n)$ 就是最好情况运行时间。对于 n 个相同的数排序，快速排序的时间复杂度为 $O(n^2)$。

不同的排序方法各有优缺点，可根据需要用到不同的场合。

选取排序方法时需考虑的因素有：需要排序的序列长度 n；数据元素的大小；关键字的分布情况；对排序算法稳定性的要求；语言工具的条件；辅助空间的大小等。

根据上述因素，可以得出以下结论。

① 当 n 较小时，可使用选择排序，当数据元素本身信息量较大时，用选择排序方法较好。

② 如果数据已是基本有序，则最好选用冒泡排序。

③ 当 n 较大时，则使用快速排序或归并排序。当待排序的序列是随机分布时，快速排序和归并排序的平均时间少。

5.2.2 算法的实现

算法是一系列解决问题的步骤的集合，而问题的求解方法有多种，因此，当遇到一个具体问题时，设计算法以得到问题的答案。算法的实现过程如图 5-4 所示。

当遇到一个问题时，首先充分理解要解决的问题。在设计算法的时候，一定要搞清楚算法要处理什么问题、实现哪些功能、预期获得的结果等内容。根据对以上问题的描述，进行问题建模。接着进行算法设计，要选择算法的设计策略，并确定合理的数据结构。算法设计之后，验证算法所选择的设计策略及设计思路是否正确。如果算法设计错误，则需要进行修改。当算法设计正确，需进行算法分析。算法分析是对算法的效率进行分析，主要是时间效率和空间效率，判断是否是最优算法，若不是，修改算法。确定最优算法后，采用某种程序设计语言来实现算法，并在计算机上进行运行和测试，最后进行文档资料的编制。

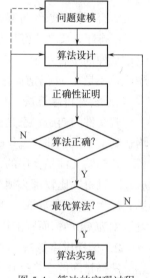

图 5-4　算法的实现过程

有些人认为，程序设计的难点就是确定算法，有了正确的算法就很容易编写出正确的程序了。其实不然，在用程序设计语言实现算法的过程中还有许多要注意的问题，包括变量的数据类型、取值范围、有效精度、运算符种类及其运算规则、数据结构的特点及使用方法和语句的语法、语义及语用等，特别是由于不同程序设计语言的差异造成的问题。并没有也不可能给出一个具体的方法，保证由正确的算法一定得到正确的程序。

例 5.3　采用冒泡排序法对 10 个整数做升序排序，并输出排序后的结果。用 C、VB、Python 程序设计语言实现。

（1）C 语言是一门通用计算机编程语言，应用广泛。C 语言的设计目标是提供一种能以简易的方式编译、处理低级存储器、产生少量的机器码、不需要任何运行环境支持便能运行的编程语言。C 语言提供了许多低级处理的功能，保持着良好跨平台的特性，若某 C 语言程序是以一个标准规格写出的，那么该程序则可在许多计算机平台上进行编译，包含一些嵌入式处理器（单片机或称 MCU）以及超级计算机等。

用 C 语言实现冒泡排序算法的代码如下。

```
#include <stdio.h>
void main( )
{
    int a[10],i,j,t;
    printf("请输入 10 个数:");
    for (i=0;i<10;i++)
        scanf("%d",&a[i]);
    for (i=0;i<9;i++)
        for (j=0;j<9-i;j++)
            if (a[j]>a[j+1])
                { t=a[j]; a[j]=a[j+1]; a[j+1]=t; }
    printf("排序后的数组:\n");
    for (i=0;i<10;i++)
            printf("%d ",a[i]);
}
```

（2）Visual Basic（以下简称 VB）是由 Microsoft 公司开发的结构化、模块化、面向对象、包含协助开发环境的事件驱动为机制的可视化程序设计语言。VB 源自于 BASIC 编程语言，拥有图形用户界面（GUI）和快速应用程序开发（RAD）系统，可以使用 DAO、RDO、ADO 连接数据库，或者创建 ActiveX 控件，也可以使用 VB 提供的控件建立一个应用程序。

用 VB 语言可实现冒泡排序算法，相应程序的功能为：程序运行后，单击 Command1，输入 10 个整数，显示在 List1 中，按冒泡法升序排序后显示在 List2 中。具体代码如下。

```
Private Sub Command1_Click()
Dim a(1 To 10)As Integer
Dim i As Integer, j As Integer, t As Integer
For i = 1 To 10
    a(i)= InputBox("请输入第" & i & "个数")
    List1.AddItem a(i)
Next i
For i = 1 To 9
    For j = 1 To 10 - i
        If a(j)> a(j + 1)Then
            t = a(j)
            a(j)= a(j + 1)
            a(j + 1)= t
        End If
    Next j
Next i
For i = 1 To 10
    List2.AddItem a(i)
Next i
End Sub
```

（3）Python 是一种面向对象、解释型计算机程序设计语言，由 Guido van Rossum 于 1989 年底发明，第一个公开发行版发行于 1991 年。后来，它逐渐被广泛应用于处理系统管理任务和 Web 编程。Python 能把用其他语言制作的各种模块（尤其是 C/C++）联结在一起。常见的一种应用是使用 Python 快速生成程序的原型，然后对其中有特别要求的部分，用更合适的语言改写。例如，3D 游戏中的图形渲染模块，性能要求特别高，就可以用 C/C++重写，而后封装为 Python 可以调用的扩展类库。需要注意的是，在使用扩展类库时可能需要考虑平台问题，某些库可能不提供跨平台的实现。Python 程序运行的效率不如 C 代码高。

用 Python 语言实现冒泡排序算法的代码如下。

```
def  bubble(bubbleList):
    listLength = len(bubbleList)
    while  listLength > 0:
        for i  in  range(listLength - 1):
            if  bubbleList[i] > bubbleList[i+1]:
                bubbleList[i] = bubbleList[i] + bubbleList[i+1]
                bubbleList[i+1] = bubbleList[i] - bubbleList[i+1]
                bubbleList[i] = bubbleList[i] - bubbleList[i+1]
        listLength -= 1
    print bubbleList
if __name__ == '__main__':
    bubbleList = [3, 7, 1, 2, 5, 8, 0, 9, 6, 3]
    bubble(bubbleList)
```

思 考 题

一、选择题

1. 算法分析的目的是_____。

    A. 辨别数据结构的合理性　　　　　　B. 评价算法的效率

    C. 研究算法中输入与输出的关系　　　D. 鉴别算法的可读性

2. 用数量级形式表示的算法执行时间称为算法的_____。

    A. 时间复杂度　　　　　　　　　　　B. 空间复杂度

    C. 处理器复杂度　　　　　　　　　　D. 通信复杂度

3. 算法的时间复杂度取决于_____。

    A. 问题的规模　　　　　　　　　　　B. 待处理的数据的初态

    C. 问题的难度　　　　　　　　　　　D. 问题的规模和待处理的数据的初态

4. 下面的四段话，其中不是解决问题的算法的是_____。

    A. 从济南到北京旅游，先坐火车，再坐飞机抵达

    B. 解一元一次方程的步骤是去分母、去括号、移项、合并同类项、系数化为 1

    C. 方程 $x^2-1=0$ 有两个实根

    D. 求 $1+2+3+4+5$ 的值，先计算 $1+2=3$，再由于 $3+3=6$，$6+4=10$，$10+5=15$，最终结果为 15

5. 一位爱好程序设计的同学，想通过程序设计解决"鸡兔同笼"的问题。他制定的如下工作过程中，更恰当的是_____。

    A. 提出问题、设计算法、编写程序、得到答案

    B. 提出问题、编写程序、运行程序、得到答案

    C. 编写程序、设计算法、调试程序、得到答案

    D. 设计程序、提出问题、编写程序、运行程序

6. 在日常生活中，我们常常会碰到许多需要解决的问题，以下描述中最适合用计算机编程来

处理的是_____。

  A. 确定放学回家的路线   B. 计算某个同学期中考试各科成绩总分

  C. 计算 10000 以内的奇数平方和 D. 在因特网上查找自己喜欢的歌曲

7. 下列关于算法的叙述不正确的是_____。

  A. 算法是解决问题的有序步骤

  B. 算法具有确定性、可行性、有限性等基本特征

  C. 一个问题的算法都只有一种

  D. 常见的算法表示方法有自然语言、流程图、伪代码等

8. 交通警察到达案发现场，一般按照下列_____思路开展工作。

  ①观察、分析现场   ②收集必要的信息

  ③进行判断、推理   ④按一定的方法和步骤解决

  A. ②①③④ B. ①③②④ C. ③①②④ D. ①②③④

9. 小王同学星期天的计划是："如果下雨，就在家复习；如果不下雨，就出去郊游"。用算法描述这一计划，合适的算法结构是_____。

  A. 顺序   B. 选择   C. 循环   D. 树型

10. 下面关于算法的描述，正确的是_____。

  A. 算法不可以用自然语言表示

  B. 算法只能用框图来表示

  C. 一个算法必须保证它的执行步骤是有限的

  D. 算法的框图可以有 0 个或者多个输入，但只能有一个输出

11. 对算法描述正确的是_____。

  A. 算法可以被表述但无法实现 B. 任一问题的算法都只有一种

  C. 算法就是解题的算式   D. 算法是解决问题的方法和步骤

12. 早上从起床到出门需要洗脸刷牙（5min）、刷水壶（2min）、烧水（8min）、泡面（3min）、吃饭（10min）、听广播（8min），请从下列选项中选最好的一种算法_____。

  A. S1 洗脸刷牙、S2 刷水壶、S3 烧水、S4 泡面、S5 吃饭、S6 听广播

  B. S1 刷水壶 、S2 烧水同时洗脸刷牙、S3 泡面、S4 吃饭、S5 听广播

  C. S1 刷水壶、S2 烧水同时洗脸刷牙、S3 泡面、S4 吃饭同时听广播

  D. S1 吃饭同时听广播、S2 泡面、S3 烧水同时洗脸刷牙、S4 刷水壶

13. 下列叙述中正确的是_____。

  A. 一个算法的空间复杂度大，则其时间复杂度也必定大

  B. 一个算法的空间复杂度大，则其时间复杂度必定小

  C. 一个算法的时间复杂度大，则其空间复杂度必定小

  D. 上述三种说法都不对

14. 对一个算法的评价，不包括以下_____方面的内容。

  A. 健壮性和可读性   B. 并行性

  C. 正确性   D. 时空复杂度

15. 算法的空间复杂度是指_____。

  A. 算法在执行过程中所需要的计算机存储空间

  B. 算法所处理的数据量

C. 算法程序中的语句或指令条数

D. 算法在执行过程中所需要的临时工作单元数

16. 以下关于算法的叙述中，错误的是_____。

A. 对同一个算法采用不同程序语言实现，其运行时间可能不同

B. 在不同硬件平台上实现同一个算法时，其运行时间一定是相同的

C. 对非法输入的处理能力越强的算法其健壮性越好

D. 算法最终必须由计算机程序实现

二、填空题

1. 算法具有 5 个重要特性：_____，_____，_____，_____，_____。

2. 算法的复杂性是_____的度量，是评价算法优劣的重要依据。

3. 计算机的资源最重要的是_____和_____资源。因而，算法的复杂度有_____和_____之分。

4. 问题处理方案的正确而完整的描述称为_____。

三、简答题

1. 什么是算法？算法的特征有哪些？

2. 算法分析的目的是什么？

3. 算法评价的标准有哪些？

4. 算法的时间复杂性与问题的什么因素相关？

第6章
软件工程与软件测试基础

软件是程序、数据以及相关文档的集合。软件工程是一门研究用工程化方法构建和维护有效的、实用的、高质量的软件的学科。它涉及程序设计语言、数据库、软件开发工具、系统平台、标准、设计模式等方面。本章将对软件工程的概念、软件测试的基本概念和方法、测试用例设计和排错技术加以介绍。

6.1 软件工程概述

6.1.1 软件危机

软件危机是指落后的软件生产方式无法满足迅速增长的计算机软件需求，从而导致软件开发与维护过程中出现一系列严重问题的现象。

20世纪50年代至60年代，计算机投入使用时间不长，硬件价格高，计算机存储容量小，速度慢，性能低。软件通常由汇编语言或机器语言编写，规模较小，基本上是个人编写个人使用，处于自给自足的生产方式。当时一般认为，写出的程序只要能够运行得出正确结果，程序的写法就可以不受任何限制，通常没有文档资料。

20世纪60年代，计算机硬件快速发展，使得计算机的速度、容量及工作可靠性明显提高，计算机的应用范围迅速扩大。这时，软件通常由高级语言编写，复杂程度越来越高，规模越来越大。这就要求软件易于修改和扩充，能适应广大用户的需求，而且运行稳定。然而当时的状况是，软件开发常常计划制定不合理，对工作量估计不准确，导致工期延误；对用户需求了解不充分，导致花费大量人力物力，用户无法正常使用；软件开发过程没有统一的规范，开发人员各行其是，文档资料很不完整，导致出现问题后难以解决；提交给用户的软件未能充分测试，运行不可靠。因此，旧的软件生产方式已经无法满足市场对软件的需求，软件危机开始爆发。

软件危机的一个典型实例就是IBM公司在1963年至1966年开发的OS/360操作系统。该系统用了5000个人年（人年指一个人一年的工作量），写出了近100万行源程序，投入到这个项目中的软件工程师超过了2000人，花费超过5亿美元。由于从未有过开发这种大型软件的经验，开发组陷入了"有史以来最可怕的软件开发泥潭"，最终也没能完全实现当初的设想。据统计，该操作系统每次发行的新版本都是从上一版本中修正1000个错误得到的结果。

6.1.2　软件工程

软件危机迫使人们改变原有软件开发的技术手段和管理方法，按工程化的原则和方法组织软件开发。软件工程诞生于20世纪60年代末期，正是从管理和技术两方面研究如何更好地开发和维护计算机软件的一门新兴学科。它主要研究软件生产的客观规律性，采用工程的概念、原则、方法、技术和工具，指导和支持软件系统的生产活动，以期达到降低软件生产成本、改进软件产品质量、提高软件生产率水平的目标。

国际电子与电气工程师协会IEEE在软件工程术语汇编中对软件工程的定义如下。

（1）将系统化的、严格约束的、可量化的方法应用于软件的开发、运行和维护，即将工程化应用于软件。

（2）对（1）中所述方法的研究。

《计算机科学技术百科全书》中软件工程的定义是：应用计算机科学、数学及管理科学等原理，开发软件的工程。软件工程借鉴传统工程的原则、方法，以提高质量、降低成本，其中，计算机科学、数学用于构建模型与算法，工程科学用于制定规范、设计范型、评估成本及确定权衡，管理科学用于计划、资源、质量、成本等管理。

国家标准中指出：软件工程是应用于计算机软件的定义、开发和维护的一整套方法、工具、文档、实践标准和工序。

软件工程包含三个要素，即方法、工具和过程，具体如下。

（1）方法：是完成软件开发各项任务的技术手段。

（2）工具：支持软件的开发、管理、文档生成。

（3）过程：支持软件开发的各个环节的控制、管理。

软件工程的目标是：在给定成本、进度的前提下，开发出具有有效性、可靠性、可理解性、可维护性、可重用性、可适应性、可移植性、可追踪性和可互操作性，且满足用户需求的产品。

6.1.3　软件生存周期

软件从形成计划到开发、使用和维护，直至报废的过程称为软件的生存周期。软件生存周期可以细化为六个阶段，即软件计划与可行性研究、需求分析与定义、软件设计、程序编写、软件测试和运行维护，其中，软件计划与可行性研究、需求分析与定义两个阶段又称为软件定义期；软件设计、程序编写和软件测试三个阶段又称为软件开发期；运行维护阶段又称为运行维护期。

1. 软件计划与可行性研究

开发人员了解和分析用户的问题，确定软件的开发目标，以及技术、经济和时间等方面的可行性。

2. 需求分析与定义

在确定软件开发可行的情况下，对软件需要实现的各个功能进行详细分析并给出详细定义。然后将用户的需求规范化、形式化，并编写软件需求说明书及初步的用户手册，最后提交评审。

3. 软件设计

根据需求分析的结果，对整个软件系统进行设计，给出软件的结构、模块的划分、功能的分配以及处理流程，即开发人员将各项需求转化为一个相应的体系结构。软件设计一般分为概要设计和详细设计。该阶段需要提交的文档有概要设计说明书、详细设计说明书和测试计划初稿等。

4．程序编写

将软件设计的结果转换成计算机可以运行的程序代码。程序代码应该是结构化的，符合统一的编写规范，以保证程序的可读性，易维护性，提高程序的运行效率。该阶段需要提交的文档有用户手册、操作手册等面向用户的文档。

5．软件测试

建立详细的测试计划并严格按照测试计划进行测试，以发现软件在整个设计过程中存在的问题并加以纠正。测试过程按照单元测试、组装测试、确认测试以及系统测试四个阶段进行。

6．运行维护

将已交付的软件投入运行，用户对系统运行中出现的问题进行记录，维护者分析维护记录，对软件进行修改或二次开发。软件的维护包括纠错性维护和改进性维护两个方面。

6.1.4　软件工程方法

软件工程方法是软件工程学科的核心内容。从 20 世纪 60 年代末开始，出现了许多软件工程方法，其中最具影响的是结构化方法和面向对象方法。

结构化方法的基本思想是按自顶向下、逐步求精的方式构造系统；将系统按功能分解成若干模块，模块间相对独立。结构化方法强调功能抽象和模块性，由于采用了模块分解、功能抽象和自顶向下、分而治之的手段，所以可以把一个复杂系统的设计分解为若干易于控制和处理的子系统，子系统又可以分解为更小的子系统，最后分解为大小适当、功能明确、且易于实现和维护的简单模块。

面向对象方法认为客观世界是由各种各样的对象组成，每个对象都有自己的内部状态和运动规律，不同对象之间的相互作用和联系构成了各种各样的系统。面向对象方法是将数据和对数据的操作紧密地结合起来的方法。它将问题求解看作是一个多次反复迭代的演绎过程。面向对象方法在概念和表示方法上的一致性，保证了各项开发活动之间的平滑过渡。

6.1.5　结构化程序设计方法与程序设计风格

1．结构化程序设计

结构化程序设计（Structured Programming，SP）方法由迪克斯特拉（E.W.Dijikstra）等人于 1965 年提出。它的主要观点是采用自顶向下、逐步求精及模块化的程序设计方法，使用顺序、选择、循环三种基本控制结构构造程序，严格控制 GOTO 语句的使用。结构化程序设计主要强调的是程序的易读性。

结构化程序设计的主要原则如下。

（1）使用语言中的顺序、选择、循环等有限的基本控制结构表示程序逻辑。

（2）选用的控制结构只允许有一个入口和一个出口。

（3）程序语句组成容易识别的功能模块，每个模块只有一个入口和一个出口。

（4）复杂结构应该用基本控制结构进行组合嵌套来实现。

（5）语言中没有的控制结构，应该采用前后一致的方法来模拟。

（6）严格控制 GOTO 语句，仅在必要时使用。

程序设计自顶向下、逐步求精的优点是：符合人们解决复杂问题的普遍规律，可提高软件开发的成功率和生产率；用先全局后局部、先整体后细节、先抽象后具体的逐步求精的过程开发出来的程序具有清晰的层次结构，程序容易阅读和理解；程序自顶向下，逐步细化，分解成一个树形结构，同层的不同节点的细化工作相互独立，便于修改和集成；程序清晰和模块化，使得修改和重新设计软件时，可复用的代码量最大。

2. 程序设计风格

程序设计风格又称为编码风格，包括四方面内容，即源程序文档化、数据说明的方法、语句结构和输入/输出方法。从软件工程学的角度来看，良好的编码风格主要体现在程序代码逻辑清晰、易读、易理解、易维护、能高效利用系统资源等方面。编码风格强调"清晰第一、效率第二"的原则。

源程序文档化是指建立文档帮助阅读和理解源程序。这些文档称为内部文档编制。源程序文档化包括标识符的命名、程序的注释和程序的书写格式等方面。

数据说明的方法本着便于理解和维护的原则，应注意以下几点：数据说明的次序应规范化；数据说明的先后次序固定；说明多个数据时，应按字母顺序排列；说明复杂数据结构时，应利用注释进行描述。

语句结构指构造程序的语句应当简单、直接，清晰易读，其采用标准控制结构，尽可能使用库函数，严格控制 GOTO 语句。

输入/输出方法是指输入/输出的方式和格式应尽可能方便用户的使用，一定要避免因设计不当给用户带来的麻烦。在软件需求分析和设计阶段就应确定用户能够接受的输入和输出风格，需在用户和系统之间建立良好的通信接口。

6.2　软件测试的基本概念

软件测试是为了发现错误而执行程序的过程。所谓软件测试，是指在软件投入运行之前，对软件需求规格说明、设计规格说明和编码的最终复审，是保证软件质量的关键步骤。

软件测试在软件生存期中横跨两个阶段，即编码阶段和测试阶段。通常在编码阶段，每编写出一个模块后都需要对它做必要的测试，称为单元测试。而进入到测试阶段后要对软件系统进行各种综合测试。

Grenford·J·Myers 就软件测试的目的提出以下观点。

（1）测试是为了发现程序中的错误而执行程序的过程。

（2）一个好的测试用例在于能发现至今未发现的错误。

（3）一个成功的测试是发现了至今未发现的错误的测试。

由此可见，软件测试要以查找错误为中心，而不是为了演示软件的正确性。根据这样的测试目的，软件测试的原则如下。

（1）应尽早并不断地进行测试。

（2）程序员或程序设计机构应避免测试自己的程序，测试工作应由独立的软件测试机构来完成。

（3）测试用例应有确定的输入数据和预期的输出数据。

（4）测试用例应有不合理的输入数据，以及各种边界条件，特殊情况下要制造极端状态和意外状态。

（5）应充分注意测试中的集群现象。

（6）应严格按测试计划进行测试，避免随意性。

（7）应当对每一个测试结果进行确认。

（8）应妥善保存全部测试过程文档，作为软件的重要组成部分。

6.3 软件测试方法

6.3.1 软件测试方法分类

软件测试方法按是否运行程序可分为静态分析法和动态测试。

1. 静态分析法

静态分析法指的是不运行被测试软件，通过人工分析或计算机辅助分析，以及程序正确性证明等方法来确认软件的正确性。静态测试包括代码检查、静态结构分析、代码质量度量等方法，其中代码检查分为代码审查、代码走查、桌面检查、静态分析等具体形式。

2. 动态测试

动态测试是指实际运行被测程序，输入相应的测试数据，检查输出结果和预期结果是否相符的过程。动态测试按是否查看程序内部结构又可分为黑盒测试和白盒测试。

（1）黑盒测试：把测试对象看作一个不能打开的黑盒，在完全不考虑程序内部结构和内部特性的情况下，依据程序的需求规格说明书，检查输入数据能否得到正确的输出结果。

（2）白盒测试：把测试对象看作一个透明的白盒，测试人员根据程序内部的逻辑结构和有关信息，设计足够的测试用例，对程序所有逻辑路径进行测试。

6.3.2 软件测试的步骤

1. 单元测试

单元测试又称为模块测试，是指对软件设计的最小单位——程序模块，进行检查和验证。单元测试主要采用白盒测试法对模块接口、模块局部数据结构、模块中所有独立路径、模块中各条错误处理路径以及模块边界条件进行测试。

2. 集成测试

集成测试又称为组装测试，是单元测试的下一阶段，是指将通过测试的单元模块组装成系统或子系统进行测试。集成测试就是用来检查各个单元模块结合到一起能否协同配合，正常运行。集成测试测试又分为两种：一次性集成方式，指首先分别测试每个模块，然后再把所有模块按设计要求组装在一起进行测试；增殖式集成方式，指首先分别测试每个模块，然后按照自顶向下或自底向上或混合的增殖方式边组装边测。

3. 确认测试

确认测试又称为有效性测试，主要检查软件功能和性能与用户的需求是否一致。确认测试的主要依据是《系统需求规格说明书》文档，主要采用黑盒测试法。

4. 系统测试

系统测试又称为验收测试，主要检查已确认测试合格的软件，在实际运行环境下，能否与系统的其他配置协调运行，是否与系统的需求定义相符。

6.4 软件测试用例设计

软件测试的目的是尽可能多的发现软件存在的错误，这就需要根据不同的测试方法设计科学合理的测试用例。

6.4.1 白盒测试的测试用例设计

白盒测试又称为结构测试或逻辑驱动测试，是已知程序内部逻辑的测试方法，因此，设计测试用例应遵循以下原则。

（1）对程序中所有独立路径至少测试一次。

（2）对所有选择结构的每一个分支至少测试一次。

（3）对所有循环的边界值和一般值至少测试一次。

（4）验证所有内部数据结构的有效性。

白盒测试主要有逻辑覆盖和基本路径测试两种。

1. 逻辑覆盖

逻辑覆盖是指设计测试用例将程序的内部逻辑结构进行部分或全部覆盖的技术。根据测试目标的不同，可以分为语句覆盖、判定覆盖、判定-条件覆盖、条件组合覆盖和路径覆盖。

（1）语句覆盖

语句覆盖，就是设计若干测试用例，并运行被测程序，使得每一可执行语句至少执行一次。这里的"若干"，意味着使用测试用例越少越好。语句覆盖是逻辑覆盖中最基本的覆盖，往往不能发现判断中的条件隐含的错误。

例 6.1 为求 3 个数中的最大值的程序设计语句覆盖测试用例的程序流程图如图 6-1 所示。

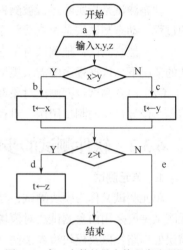

图 6-1 求三个数的最大值程序流程图

程序可执行语句的路径为 abd 和 acd，语句覆盖的测试用例如表 6-1 所示。

表 6-1　　　　　　　　　　　　语句覆盖测试用例

测试用例编号	输入数据（x,y,z）	输出数据（t）	覆盖路径
测试用例 1	（5,2,6）	6	abd
测试用例 2	（2,5,6）	6	acd

在上例中如果第一个判断条件"x>y"错写成"x<y"，则以上测试用例得到的输出结果相同，无法检测出错误，因此语句覆盖是一种较弱的覆盖。

（2）判定覆盖

判定覆盖也称分支覆盖，是指设计若干测试用例，使得被测程序中每个判定表达式的取真分支和取假分支至少执行一次。判定覆盖也不能保证找出判断条件可能隐含的错误。

例 6.2 为图 6-1 所示的流程设计判定覆盖的测试用例。

该流程包含两个判定表达式，即"x>y"和"z>t"，保证两个判定表达式的取真分支和取假分支各执行一次的一组测试用例如表 6-2 所示。

表 6-2　　　　　　　　　　　　判定覆盖测试用例

测试用例编号	输入数据（x,y,z）	输出数据（t）	覆盖路径
测试用例 1	（5,2,6）	6	abd
测试用例 2	（5,6,2）	6	ace

在上例中如果第二个判断条件 "z>t" 错写成 "z>x"，则以上测试用例得到的输出结果相同，无法检测出错误，因此判定覆盖也无法保证能检查出判断条件隐含的错误。

当判定表达式是多个条件的组合时，用语句覆盖和判定覆盖就更加无法发现判断条件可能隐含的错误。

例 6.3　为图 6-2 所示的程序设计语句覆盖测试用例和判定覆盖测试用例。

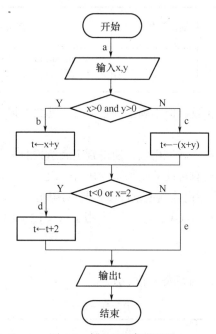

图 6-2　例 6.3 程序流程图

程序可执行语句的路径为 abd 和 acd，语句覆盖的一组测试用例如表 6-3 所示。

表 6-3　　　　　　　　　　　　语句覆盖测试用例

测试用例编号	输入数据（x,y）	输出数据（t）	覆盖路径
测试用例 1	（2,1）	5	abd
测试用例 2	（2,-1）	1	acd

判定覆盖的一组测试用例如表 6-4 所示。

表 6-4　　　　　　　　　　　　判定覆盖测试用例

测试用例编号	输入数据（x,y）	输出数据（t）	覆盖路径
测试用例 1	（2,1）	5	abd
测试用例 2	（1,-1）	0	ace

若程序中第一个判定表达式"x>0 and y>0"错写成"x>1 and y>0",同时第二个判定表达式"t<0 or x = 2"错写成"t>0 or x = 2",则用以上语句覆盖测试用例和判断覆盖测试用例得到的输出结果均不变,无法检测出判定表达式隐含的错误。因此,对于由多个条件组成的判定条件,需要更强的覆盖。

（3）条件覆盖

条件覆盖是指设计若干测试用例,使得判定表达式中每个条件的各种取值至少执行一次。

例 6.4 为图 6-2 所示的程序设计条件覆盖测试用例。

将判定条件分解为 4 个单一条件,即 x>0、y>0、t<0、x = 2,分别用 T1、T2、T3、T4 表示。两个判定表达式可表示为 T1 and T2 和 T3 or T4,记作①和②。

一组满足条件覆盖的测试用例如表 6-5 所示。

表 6-5 条件覆盖测试用例

测试用例编号	输入数据（x,y）	输出数据（t）	覆盖条件	判定表达式取值
测试用例 1	(2,-1)	1	T1 真 T2 假 T3 真 T4 真	①假 ②真
测试用例 2	(-1,1)	0	T1 假 T2 真 T3 假 T4 假	①假 ②假

这个测试用例满足了条件覆盖,但不满足判定覆盖,其缺少判定表达式①为真的情况。

（4）判定条件覆盖

判定条件覆盖是指设计足够的测试用例,使得判定表达式的每个条件的所有可能取值至少出现一次,并使每个判定表达式所有可能的结果至少执行一次。

例 6.5 为图 6-2 所示的程序设计判定条件覆盖测试用例。

将判定条件分解为 x>0、y>0、t<0、x = 2,分别用 T1、T2、T3、T4 表示。

判定表达式①为 T1 and T2。

判定表达式②为 T3 or T4。

一组判定条件覆盖的测试用例如表 6-6 所示。

表 6-6 条件覆盖测试用例

测试用例编号	输入数据（x,y）	输出数据（t）	覆盖条件	判定表达式取值
测试用例 1	(2,1)	5	T1 真 T2 真 T3 假 T4 真	①真 ②真
测试用例 2	(2,-1)	1	T1 真 T2 假 T3 真 T4 真	①假 ②真
测试用例 3	(-1,1)	0	T1 假 T2 真 T3 假 T4 假	①假 ②假

（5）条件组合覆盖

条件组合覆盖是比较强的覆盖标准,它是指设计足够的测试用例,使得每个判定表达式中条件的各种可能的值的组合至少执行。

例 6.6 为图 6-2 所示的程序设计条件组合覆盖测试用例。

将判定条件分解为 x>0、y>0、t<0、x = 2,分别用 T1、T2、T3、T4 表示。

判定表达式①为 T1 and T2。

判定表达式②为 T3 or T4。

对于判定表达式①,各种条件的组合就是要包含 T1、T2 均为真,T1、T2 一个为真一个为假,以及 T1、T2 均为假的情况。

同理，对于判定表达式②，各种条件的组合就是要包含 T3、T4 均为真，T3、T4 一个为真一个为假，以及 T3、T4 均为假的情况。

一组条件组合覆盖的测试用例如表 6-7 所示。

表 6-7　　　　　　　　　　　　　　条件组合覆盖测试用例

测试用例编号	输入数据（x,y）	输出数据（t）	覆盖条件	判定表达式取值
测试用例 1	·（2,1）	5	T1 真　T2 真　T3 假　T4 真	①真　②真
测试用例 2	（−1,−1）	2	T1 假　T2 假　T3 假　T4 假	①假　②假
测试用例 3	（−1,2）	1	T1 假　T2 真　T3 真　T4 假	①假　②真
测试用例 4	（2,−1）	1	T1 真　T2 假　T3 真　T4 真	①假　②真

该测试用例虽然包含了每个判定表达式中条件的各种可能的值的组合，但没有覆盖所有路径。

（6）路径覆盖

路径覆盖是指设计足够的测试用例，覆盖被测程序中所有可能的路径。

例 6.7　为图 6-2 所示的程序设计路径覆盖的测试用例。

该程序所有可能的路径为 abd、acd、abe、ace。因此，一组路径覆盖测试用例如表 6-8 所示。

表 6-8　　　　　　　　　　　　　　路径覆盖测试用例

测试用例编号	输入数据（x,y）	输出数据（t）	判定表达式取值	覆盖路径
测试用例 1	（2,1）	5	①真　②真	abd
测试用例 2	（−1,2）	1	①假　②真	acd
测试用例 3	（1,1）	2	①真　②假	abe
测试用例 4	（−1,−1）	2	①假　②假	ace

在实际的逻辑覆盖测试中，一般以条件组合覆盖为主设计测试用例，然后再补充部分用例，以达到路径覆盖测试的标准。图 6-2 所示的程序可以采用如表 6-9 所示测试用例进行逻辑覆盖测试。

表 6-9　　　　　　　　　　　　　　逻辑覆盖测试用例

测试用例编号	输入数据（x,y）	输出数据（t）	覆盖条件	覆盖路径
测试用例 1	（2,1）	5	T1 真　T2 真　T3 假　T4 真	abd
测试用例 2	（−1,−1）	2	T1 假　T2 假　T3 假　T4 假	ace
测试用例 3	（−1,2）	1	T1 假　T2 真　T3 真　T4 假	acd
测试用例 4	（2,−1）	1	T1 真　T2 假　T3 真　T4 真	acd
测试用例 5	（1,1）	2	T1 真　T2 真　T3 假　T4 假	abe

2．基本路径测试

基本路径测试是根据软件过程性描述中的控制流程确定环路复杂度，据此定义基本路径集合，并由此导出一组测试用例，对每一条独立执行路径进行测试。环路复杂度的公式如下。

$$环路复杂度 = 判定的个数 + 1$$

根据环路复杂度，可以得到基本路径集合中独立路径的条数，即确保程序中每个可执行语句至少执行一次所必须的测试用例数目的最大值。独立路径是指包括一组以前没有处理的语句或条件的一条路径。

例 6.8 为图 6-3 所示的求两个数的最大公约数及最小公倍数的程序设计基本路径测试的测试用例。

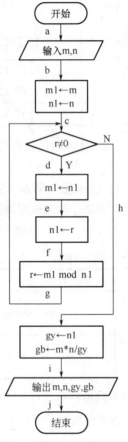

图 6-3 例 3.22 程序流程图

从分析流程图可以看出，程序中有一个判断框，因此，环路复杂度为 2，也就是说程序的基本路径集合包含 2 条独立路径，为这两条基本路径设计测试用例即可。

两条独立路径分别如下。

- Path1：abcdefghij。
- Path2：abchij。

由此确定程序的基本路径测试测试用例如表 6-10 所示。

表 6-10　　　　　　　　　　　　　　基本路径覆盖测试用例

测试用例 编号	输入数据 （m,n）	输出数据 （m,n,gy,gb）	覆盖路径
测试用例 1	（12,8）	（12,8,4,24）	Path1
测试用例 2	（12,4）	（12,4,4,12）	Path2

6.4.2　黑盒测试的测试用例设计

黑盒测试方法又称为功能测试或数据驱动测试，着重测试软件功能。黑盒测试完全不考虑程序内部的逻辑结构和处理过程，其是在软件接口处进行，旨在检查和验证程序的功能是否符合需求规格说明书的功能说明。

常用的黑盒测试方法和技术有：等价类划分、边界值分析和错误推测等。

1. 等价类划分

等价类就是某个输入域的子集，在该子集中，各个输入数据对于揭示程序中的错误都是等效的。有效等价类是合理的、有意义的输入数据的集合，无效等价类是不合理的、无意义的输入数据的集合。所谓等价类划分，就是把所有输入数据划分成若干等价类，然后从每个等价类中选取一个数据作为测试的输入数据，从而用少量有代表性的数据作为测试用例，以达到较好的测试效果。

（1）划分等价类的原则

① 在输入条件规定了取值范围或值的个数的情况下，则可以确立一个有效等价类和两个无效等价类。

② 在输入条件规定了输入值的集合或者规定了"必须如何"的条件的情况下，可确立一个有效等价类和一个无效等价类。

③ 在输入条件是一个布尔量的情况下，可确定一个有效等价类和一个无效等价类。

④ 在规定了输入数据的一组值（假定 n 个），并且程序要对每个输入值分别处理的情况下，可确立 n 个有效等价类和一个无效等价类。

⑤ 在规定了输入数据必须遵守的规则的情况下，可确立一个有效等价类（符合规则）和若干个无效等价类（从不同角度违反规则）。

⑥ 在确知已划分的等价类中各元素在程序处理中的方式不同的情况下，则应再将该等价类进一步的划分为更小的等价类。

（2）确定测试用例

① 为每一个等价类编号。

② 设计一个测试用例，使其尽可能多地覆盖尚未被覆盖过的有效等价类。重复此步，直到所有有效等价类被测试用例覆盖。

③ 设计一个测试用例，使其仅覆盖一个尚未被覆盖过的无效等价类。重复此步，直到所有无效等价类被测试用例覆盖。

2. 边界值分析

边界值分析法是对各种输入、输出范围的边界情况设计测试用例的方法。使用边界值分析方法设计测试用例时一般与等价类划分结合起来，但它不是从一个等价类中任选一个例子作为代表，而是将测试边界情况作为重点目标，选取正好等于、刚刚大于或刚刚小于边界值的测试数据。

选择测试用例的原则如下。

（1）如果输入条件规定了值的范围，可以选择正好等于边界值的数据作为合理的测试用例，同时还要选择刚好越过边界值的数据作为不合理的测试用例。

例如，输入值的范围是[0，100]，可取 0、100、-1、101 等值作为测试数据。

（2）如果输入条件指出了输入数据的个数，则按最大个数、最小个数、比最小个数少 1、比最大个数多 1 等情况分别设计测试用例。

例如，一个输入文件可包括 1～500 个记录，则分别设计有 1 个记录、500 个记录以及 0 个记录和 501 个记录的输入文件的测试用例。

（3）对每个输出条件分别按照原则（1）和原则（2）确定输出值的边界情况。

例如，一个学生成绩管理系统规定，只能查询在校大学生的各科成绩，则不仅应设计能够查询一年级（假设为 2015 级）和四年级（2011 级）学生的学生成绩的测试用例，还需设计查询 2010 级、2016 级学生成绩的测试用例（不合理输出等价类）。

由于输出值的边界不与输入值的边界相对应，所以要检查输出值的边界不一定可能，要产生超出输出值之外的结果也不一定能做到，但必要时还需试一试。

（4）如果程序的规格说明给出的输入或输出域是个有序集合（如顺序文件、线形表、链表等），则应选取集合的第一个元素和最后一个元素作为测试用例。

（5）如果程序中使用了内部数据结构，则应选择该内部数据结构的边界上的值作为测试用例。

3. 错误推测

在测试程序时，人们根据经验或直觉推测程序中可能存在的各种错误，从而有针对性地编写检查这些错误的测试用例。这种做法就是错误推测法。错误推测法针对性强，可以直接切入可能的错误，直接定位，是一种非常实用、有效的方法，但是需要测试人员有非常丰富的经验。

6.5　软件排错

软件测试的目的是尽可能多地发现存在的错误，而发现错误后的确认和改正则是由排错工作来完成的。软件排错又称为调试（Debug），主要有以下两项任务。

（1）确定错误的性质和位置。

（2）修改程序，排除错误。

6.5.1　软件排错的原则

软件排错的原则应从错误定位和排除错误两方面来考虑。

1. 确定错误性质和位置的原则

（1）集中思考分析和错误现象有关的信息。

（2）如果测试陷入困境，可通过讨论寻找新思路，不钻死胡同。

（3）调试工具不能代替人工思考，不要过分信赖调试工具。

（4）避免使用试探法。

2. 修改错误的原则

（1）要注意错误的群集现象，在错误出现的地方，可能还存在其他错误。

（2）应该修改错误的根源，而不是它的表象。

（3）进行回归测试，避免引入新的错误。

（4）修改源代码，不要改变目标代码。

6.5.2　软件排错的主要方法

1. 强行排错法

强行排错法是一种比较原始的方法。使用这种方法时，调试人员分析错误的症状，猜测问题的所在位置，利用在程序中设置输出语句，分析寄存器、存储器的内容等手段来获得错误的线索，一步步试探分析出错误所在。这种方法效率很低，适合于结构比较简单的程序。

例 6.9　图 6-4 所示的程序原本要实现的功能为，用户输入若干整数，当输入-999 时结束，统计输入的正数平均值和负数平均值。经测试发现程序存在平均值有误差及"溢出"等错误，请通过调试进行排错。

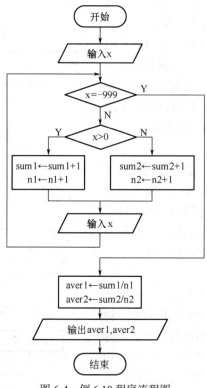

图 6-4　例 6.10 程序流程图

调试程序时，可在计算平均值 aver1 和 aver2 之前设置断点，并增加一条输出语句，输出 sum1、n1、sum2、n2 的值，帮助分析。

再次用测试用例进行测试即可发现，出错结果与输入数据密切相关。当输入数据均为正数或均为负数时，n1 或 n2 会出现 0 的情况，此时计算平均值会由于被 0 除而"溢出"。或者输入数据过大，相加结果超过 sum1、sum2 数据类型的范围时，会发生溢出。

当测试用例排除上面两种情况，再次调试会发现，正数的平均值计算均正确，负数则有时会有误差。分析进入负数统计程序块的条件，当 x>0 为假时，进行 sum2 的求和及 n2 的计数。如果输入数据中包含 0，则也满足 x>0 为假的条件，负数个数因此比实际的多，使平均值计算出现误差。

经调试分析，程序流程图应改为图 6-5 所示流程图。由此可以看出，设计一个程序要把各种可能的输入情况都考虑在内，否则会出现意想不到的错误。程序调试时要记录清楚出错症状和原始数据，通过仔细分析才能最大程度的减少调试工作量。

2. 回溯法

回溯法指调试人员从发现错误症状的位置开始，人工沿着程序的控制流程逆向跟踪分析代码，直到找出错误根源为止。这种方法适合于小型程序，对于大规模程序由于其需要回溯的路径太多而变得不可操作。

3. 原因排除法

（1）二分查找法

二分查找法主要通过缩小错误的范围，来达到找到错误位置的目的。如果已经知道程序中的变量在若干位置的正确取值，则可以选择一个较为中间的位置，在该位置给变量以正确值，观察程序运行输出结果。如果结果正确，则说明从中间位置开始到输出结果的后半段程序没有出错，问题可能在前半段程序中，反之则说明错误就在后半段程序中。对含有错误的程序段再次使用这种方法，直到把故障范围缩小到可以诊断为止。

（2）归纳法

归纳法是一种从特殊推断一般的系统化思考方法。它从测试所暴露的问题出发，收集所有正确或不正确的数据，分析数据之间的关系，提出一个或若干错误原因的假设，并利用这些数据来证明或排除这些假设，从而找到错误所在。

（3）演绎法

演绎法就是从一般性的前提出发，通过推导即"演绎"，得出具体陈述或个别结论的过程。它根据测试结果，列出所有可能的错误原因，分析已有的数据，逐个排除假设的错误原因；对余下的原因，选择可能性最大的，利用已有的数据完善该假设，使假设更具体。用假设来解释所有的原始测试结果，如果能解释，则假设得以证实，也就找出错误；否则，要么是假设不完备或不成立，要么是存在多个错误。

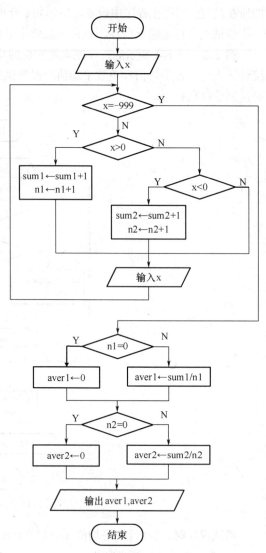

图 6-5 修改后的程序流程图

思 考 题

一、单选题

1. 下列描述中正确的是_____。

    A. 程序就是软件   B. 软件开发不受计算机系统的限制

    C. 软件既是逻辑实体，又是物理实体   D. 软件是程序、数据和相关文档的集合

2. 下面不属于软件工程三要素的是_____。

    A. 方法   B. 环境   C. 工具   D. 过程

3. 软件生命周期是指_____。

    A. 软件的开发过程

  B.　软件的运行维护过程

  C.　软件产品从提出、实现、使用维护到停止使用退役的过程

  D.　软件从需求分析、设计、实现到测试完成的过程

4. 需求分析是_____。

  A.　软件开发工作的基础   B.　软件生存周期的开始

  C.　由系统分析员单独完成的   D.　由用户单独完成的

5. 下列选项中属于结构化程序设计原则的是_____。

  A.　可封装   B.　多态性   C.　自下而上   D.　逐步求精

6. 结构化程序设计主要强调程序的_____。

  A.　效率   B.　速度   C.　可读性   D.　大小

7. 下列叙述中正确的是_____。

  A.　软件测试的目的是确定程序中错误的位置

  B.　软件测试的目的是发现程序中的错误

  C.　软件调试的目的是发现程序中的错误

  D.　软件调试后一般不需要再测试

8. 下面哪些测试属于白盒测试_____。

  A.　基本路径测试   B.　等价类划分

  C.　边界值分析   D.　错误推测

9. 确认软件的功能是否与需求规格说明书要求的功能相符的测试是_____。

  A.　集成测试   B.　确认测试   C.　单元测试   D.　验收测试

二、问答题

1. 什么是软件工程？

2. 软件生存周期由哪几个阶段构成？

3. 软件测试有哪些方法？

4. 对如图 X6-1 所示的分段函数程序进行白盒测试，应如何设计测试用例？

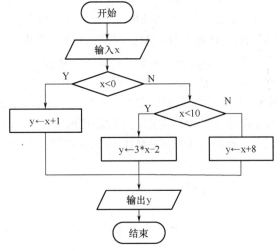

图 X6-1　分段函数程序流程图

5. 软件测试与软件排错有什么区别？

参考文献

[1] 管西京. 编程算法新手自学手册[M]. 北京：机械工业出版社，2012.

[2] 吕国英. 算法设计与分析（第 3 版）[M]. 北京：清华大学出版社，2015.

[3] 王晓东. 计算机算法设计与分析（第三版）[M]. 北京：电子工业出版社，2012.

[4] 刘汝佳. 算法竞赛入门经典[M]. 北京：清华大学出版社，2014.

[5] Thomas，H. Cormen，等. Introduction to Algorithms[M]. 潘金贵，等，译. 算法导论（第 2 版）. 北京：机械工业出版社，2013.

[6] 陈国良. 计算思维导论[M]. 北京：高等教育出版社，2012.

[7] WING，J. M. Computation thinking[J]. Communications of the ACM，2006. 49（3）.

[8] 李建会，王德胜. 现代若干科学前沿的计算主义哲学蕴意[J]. http://www. doc88. com/p-4059879177 80. html.

[9] 蒋加伏. 计算机应用基础（第三版）. 北京：中国铁道出版社，2014.

[10] 柴欣，史巧硕. 大学计算机基础[M]. 北京：人民邮电出版社，2014.

[11] 孙淑霞，陈立潮. 大学计算机基础（第 3 版）[M]. 北京：高等教育出版社，2013.

[12] 程向前，陈建名. 可视化计算[M]. 北京：清华大学出版社，2013.

[13] 程向前，周梦远. 基于 RAPTOR 的可视化计算案例教程[M]. 北京：清华大学出版社，2014.

[14] 吕国英. 算法设计与分析（第 2 版）[M]. 北京：清华大学出版社，2009.

[15] 管西京，等. 编程算法新手自学手册[M]. 北京：机械工业出版社，2012.

[16] 刘汝佳. 算法竞赛入门经典[M]. 北京：清华大学出版社，2009.

[17] 李文书，何利力. 算法设计、分析与应用教程[M]. 北京：北京大学出版社，2014.

[18] 王秋芬，吕聪颖，周春光，等. 算法设计与分析[M]. 北京：清华大学出版社，2011.

[19] 杨克昌. 计算机常用算法与程序设计案例教程[M]. 北京：清华大学出版社，2011.

[20] 严蔚敏，吴伟民. 数据结构（C 语言版）[M]. 北京：清华大学出版社，2012.

[21] 全国计算机等级考试教材编写组改编，未来教育教学与研究中心. 全国计算机等级考试教程——二级公共基础知识[M]. 北京：人民邮电出版社，2013.

[22] 张基温. 新概念 C 程序设计大学教程[M]. 北京：清华大学出版社，2012.

[23] 张世民，等. C/C++程序设计教程[M]. 北京：中国铁道出版社，2009.

[24] 何勤著. C 语言程序设计：问题与求解方法[M]. 北京：机械工业出版社，2013.